人类还能进化吗

WHY OUR WORLD NO LONGER FITS OUR BODIES

〔英〕彼得·格鲁克曼 马克·汉森 著 李静 译

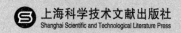

上海科学技术文献出版社

Shanghai Scientific and Technological Literature Press

图书在版编目（CIP）数据

人类还能进化吗 /（英）格鲁克曼，（英）汉森著；李静译 . —上海：
上海科学技术文献出版社，2016.6
（合众科学译丛）
书名原文：MISMATCH: WHY OUR WORLD NO LONGER FITS OUR BODIES
ISBN 978-7-5439-7002-1

Ⅰ . ① 人… Ⅱ . ① 格…② 汉…③ 李… Ⅲ . ① 人类进化—普及
读物 Ⅳ . ① Q981.1-49

中国版本图书馆 CIP 数据核字（2016）第 057355 号

选题策划：张　树
责任编辑：杨凯茹
封面设计：许　菲

丛书名：合众科学译丛
书　名：人类还能进化吗
[英]彼得·格鲁克曼　马克·汉森　著　李　静　译
出版发行　上海科学技术文献出版社
地　　址　上海市长乐路 746 号
邮政编码　200040
经　　销　全国新华书店
印　　刷　常熟市人民印刷有限公司
开　　本　650×900　1/16
印　　张　15.75
字　　数　182 000
版　　次　2016 年 7 月第 1 版　2019 年 1 月第 3 次印刷
书　　号　ISBN 978-7-5439-7002-1
定　　价　32.00 元
http://www.sstlp.com

序 言

在《绅士特里斯舛·项狄的生平与见解》(*The Life and Opinions of Tristram Shandy*)第一章的结尾有这样一段内容。项狄夫人问道："噢，亲爱的，你没忘记给钟上弦吧？"听到这话，项狄精神失常的父亲说道："老天爷！打从有这个世界，有哪个女人会问这么蠢的问题来烦男人？"项狄一出生便被困在了扭曲的时间里，而他的整个人生（还有那本关于他的书）也被这扰乱。正如他所说："我真希望我的父亲或母亲，或者他们两人，知道他们怀我的时候，自己在干什么，因为对于这件事情，他们都是责无旁贷的。他们是否清楚我的未来取决于他们此时所作的决定。"

1759 年，时值劳伦斯·斯特恩（Lawrence Sterne）正在创作《绅士特里斯舛·项狄的生平与见解》一书，然而这种观点——在母体受孕或是胎儿发育阶段，外界因素不仅影响孕育的结果还将影响孩子出生后的性状——在最早有文字记载的时代便已开始广为流传。苏美尔的楔形文黏土书写板上和古埃及的纸草书上都有此类记载。《圣经》"创世记"中讲述，雅各（Jacob）希望拉班（Laban）的白色羊群中能够诞生出带斑点的小羊（很可能是隐性遗传特征），于是让怀孕的母羊整日对着斑纹的树枝，这也暗示了此种说法的确早已广为流传。

格里戈·孟德尔（Gregor Mendel）曾在奥地利的布鲁恩做过修士，热爱园艺。他的发现引发了对于遗传更加"理性"的认识。然而直到他 1884 年去世，也就是在他总结出发现结果的 40 多年后，他的实验结论才真正被世人所接受。孟德尔用了大约 2.8 万株豌豆进行了细致的实验，并得出了"基因是遗传单位"的观点，"遗传定律"也因此被冠以他的名字。孟德尔遗传定律以及达尔文（早于孟德尔两年辞世，其有可能听闻孟德尔颇有争议的研究）越来越重要的生物进化理论彻底改变了人们对于遗传特征的认识。

然而，这些理念并不是一出现便被广泛认可。直到 20 世纪 20 年代，人们才承认群体的基因变异源自基因突变或改变。表型改变，即生物结构或是外观上的改变，是一个渐进的过程。它保留了使生物能更好地适应其生存环境的遗传特征，是生物应对自然选择压力的结果。随后，现代分子生物学展示了 DNA 碱基序列结构如何通过使 RNA 发生特定的改变以及通过制造不同的蛋白质来影响表型改变。此外，人们也更加清楚地了解到携带母本和父本基因的染色体是怎样传递给后代的。

但是一旦接受了这些理论，人类遗传学方面的决定论思想就萌生了。人们很容易理解某一基因总是决定表型的某一方面，但是事情的整体情况远非如此。基因能够产生比我们所知的更为微妙的影响。因此，直到最近，人们才开始重新审视遗传决定论的传统观点。在过去的 15 年间，越来越多迹象表明环境也可以对基因产生影响，而这种影响要比孟德尔理论中所述的影响更大。还有一些惊人的现象表明，人类早期发育阶段所处环境能够从根本上影响其后期的生活，尤其是胎儿在母亲子宫内的阶段。有充分的证据表明这些影响中，大多数可能是由基因内部的化学变化造成的，并且可能直接改变下一代的性状。

近期发现表明，人类中老年时期罹患疾病的起因可以追溯到他们出生前。南安普顿大学的大卫·贝克（David Barker）曾仔细研究了第一次世界大战前期、中期、后期赫特福德郡婴儿的出生记录。他发现这些婴儿大多是正常受孕，但是从医院记录来看，也有一些妇女的受孕情况非常复杂。有些婴儿所处的母体环境较差，营养不良，结果出生时体重远远低于正常值。总体来说，那些出生体重比平均值低，尤其是大约仅有 2 000 克重的婴儿在其今后的生命历程中非常容易罹患疾病。成人中，出生时体重很轻的人更有可能在 65 岁前死于冠心病。他们生命之初是在不理想的环境中度过的，这必然会给他们的身体带来这样那样的缺陷，有的甚至会对其几十年后的生活造成致命影响。事实上，这些婴儿与其早期所处环境并不匹配，必须努力适应才能得以生存。大卫·贝克与其同事随后证实，心脏病并非他们面临的唯一风险。在中年时期，他们也很有可能罹患中风、高血压、糖尿病等疾病。

值得注意的是，人类早期发育阶段所处的环境会对后几代造成巨大影响。2001 年，拉斯·柏格恩（Lars Bygren）及其同事在瑞典发表了一项研究结果，阐述了祖父母的饮食是如何对其后代中生于 1905 年的男孩产生消极影响的。尤其是，有些祖父母可以吃到充足的食物，有些则不能，这些情况都会影响到男孩的寿命。1799～1880 年间，在瑞典北部的一个偏远地区，丰年和灾年交替出现。如果正直青春期的祖父能够在丰年吃到充足的食物，其孙子的寿命很可能比平均寿命要短。虽然人们还未发现其中确实的因果关系，但孙辈罹患糖尿病的概率之高，说明特殊发育时期充足的饮食使祖父精子中 Y 染色体的基因产生了一些化学变化，进而影响了精子的基因表达。也就是说，祖父母所处环境的有害因素会影响到拥有 Y 染色体的孙子。

本书从某种程度上讲述的正是这些还不为人所重视的发育过程

中的种种影响。而对于这种影响的研究是以人类进化为背景的，因为我们现在生活在一个与人类刚刚定居时期迥然不同的世界。本书为那些对人类生物学感兴趣的人开辟了新的研究视角。

为彼得·格鲁克曼和马克·汉森的这本书撰写序文是我的荣幸。他们不愧是两位杰出的研究学者，他们成功地用有趣、易懂的语言阐述了自己的想法。这本书是极其应时的，并且对于有关基因与环境的争论作出了革新化的贡献。它使人们清楚地了解到个人是怎样与早期环境匹配或者错位的，而他们为了适应环境所作出的努力又对其健康造成何等深远的影响。这些影响可能在生命的后期阶段才会显现，并很可能影响到下一代的健康。尽管我们现在嘲笑项狄的窘境，但是也许对于影响人类发育因素的直觉性理解并不那么离谱。本书中的观点与研究所得出的科学成果，将把读者带入一个有关人类进化与发育的陌生但却重要的领域。

罗伯特·温斯顿

前　言

　　本书的编写是从35年前开始的。当时我们还是年轻的集训队员，各自踏上不同的医疗探险之旅，我一个人去了非洲，其他人去了喜马拉雅的丘陵地带。通过这些旅程我们了解到，群体中严重健康问题的出现应归因于疾病易感性与环境，这两个因素增加了个体罹患某种疾病的风险。我们这两次探险的所见所得可以作为一种改进人类健康状况的方法应用于医疗研究中。

　　我们独立地将研究领域限定在生物学的特殊方面：发育。而这一领域又将我们带往其他的发现之旅，从经典生理学到发生生物学，再到现在的进化生物学。我们获得了基因与环境关系的崭新视角。它教会我们理解进化与发育如何共同影响我们的生活，这就是为什么人类在一些情况下能够很好地生活，而在另一些情况下却不能。我们想要将这些想法综合起来，呈现给更多的人，便写出了这本书。

　　其实，这本书也是有关过程的，包括人类种族在进化之旅中发生的故事，以及我们每个人从被受孕到发育所经历的旅程。如果我们乘飞机穿越时间区，就要花几天的时间调整人体生物钟。同样地，如果人们移居到一个新环境，他们的进化和发育功能可能都要与改变的环境相适应，但也许其后几代人都无法重新适应环境。从根本上说，人类能否很好地适应这种转变取决于他们的生理是否能适应环境中各种各样的挑战，这也反映了他们与环境是否匹配。像多年居住在尼日利亚和尼泊尔的人那样，与环境错位的程度越高，罹患疾病的风险就越大。然而，人类现在面临的许多错位问题是存在固定范例的，因此我们相信，理解这些错位范例就可以帮助我们采取新的措施来解决老问题。这正是本书的意义所在。

因此我们决定再次踏上旅途，在我们位于奥克兰和南安普敦的医学研究实验室里，完成了这本关于匹配与错位的书，来分析它们的起源与后果。

彼得·格鲁克曼

引　言

我们的身体和世界

如果你艰难跋涉到海拔 3 500 米的高处，第一想法一定就是"究竟为什么有人能在这儿好好地活着？我快崩溃了，要死了！"除非你准备花时间去适应新环境，否则你能做的只是走两三步，然后停下来喘气，再走两三步，再停下喘气，再走两三步……仿佛永无止境。你完全不能适应在海拔这么高的地方生活——错位出现了。然而事实是，确实有人住在海拔这么高，甚至更高的喜马拉雅山和安第斯山上，并且已经世世代代生活了好多年。

夏尔巴人就是一个例子。他们是藏族的一个分支，几百年前穿越喜马拉雅山定居在尼泊尔高山谷上，过着与世隔绝的生活。直到 20 世纪中期，他们被马洛里、亨特等喜马拉雅登山探险队发现后，才开始跟探险队买卖物品，尤其是岩盐，这是夏尔巴人第一次与外界联系。夏尔巴人是信仰佛教的自给农民，以土豆、大麦和牦牛为主食。近几年，为登山探险队和旅游团服务的搬运业已经改变了他们的经济类型，但其传统社会环境也为此付出了代价——旅游者的流入导致大片森林被砍伐。游客不喜欢夏尔巴人烧制的传统食物，虽然并无异味，却是在用牛粪做燃料的烟熏火上制作的，因此，必须砍伐生长缓慢的山林做木柴烧制食物。在此我们要强调的是，夏尔巴人自身和社会状况都已经迅速改变。

上昆布谷地区是最大的夏尔巴人聚居地，它绵延至珠穆朗玛峰，杜江（Dukh Khosi）的河水从上奔流而下，经过著名的腾普治修道院和纳姆泽巴扎尔镇（Namche Bazaar）。1972 年，旅游业尚未在此兴起。30 年前，这个山谷仅为少数人所知，1953 年只有与夏尔巴人丹增·诺尔盖（Tensing Norgay）一同征服珠穆朗玛峰的新西兰人埃德蒙·希拉里爵士（Edmund Hillary）及其登山团队知道。希拉里竭尽全力帮助夏尔巴人建立学校和基础设施。在他的帮助下，夏尔巴人建立了一所小型医院、几座桥梁、一条飞机跑道及各项工程以保护当地的修道院。彼得是我们团队中一位刚毕业的医生，他已远赴夏尔巴人居住地去协助完成一项由希拉里发起的医学研究。研究目的在于分析出由碘缺乏症所引起的主要健康问题，这是夏尔巴人聚居于陡峭地势及降雪量高的环境中所付出的代价。几百年前，夏尔巴人的祖先为了躲避种族冲突和寻找充足的牧场迁徙至此，但是这些高高的山谷却给夏尔巴人带来了其他严重问题。我们将讲述这次研究的过程，因为它说明了影响人类适应能力的一些重要因素，并为错位作出铺垫。

从地质学上来看，几百万年前形成的喜马拉雅山脉仍是非常年轻的，它由印度和亚洲板块摩擦碰撞形成。亚洲板块的移动迫使印度板块向北推移，并受地球表面空气对流驱使，产生地震，从而形成了山峦。喜马拉雅山崛起后，长期遭受洪水和暴雪的侵蚀，土壤被反复冲刷，大量矿物质流失。因此，这里成为世界上最缺乏碘的地方。人类必须食用碘，但是夏尔巴人在其山区环境下却不能摄入足够的碘。甚至到了 20 世纪中期，他们也无法弄到西方补碘食品。

彼得的研究发现，90% 以上的夏尔巴人患有甲状腺肿。甲状腺是人体脖子上的一个腺体，位于喉的下端，能够分泌甲状腺素到血液中。这种激素由氨基酸和碘元素结合而成，食物中的碘元素要通过肠才能被人体吸收。甲状腺素是人体基本功能正常运作所必需的，因为它决定着人体新陈代谢的速率，从某种程度上说，它就好比汽车的油门。如果油门被踩得太深——甲状腺素分泌过多，发动机就会转速过高——人体新陈代谢速率也就太快。相反，如果没有足够的甲状腺素，人体的新陈代谢就会减缓，没有足够的能力去维持正常的生理机能。所以，由于食用的食物低碘，许多夏尔巴人新陈代谢缓慢。彼得发现，夏尔巴人的甲状腺有时肿得比脖子还大，外表畸形。不幸的是，增大腺体并不能解决问题，更大的腺体如果不能从饮食中摄取适量的碘还是无法分泌甲状腺素。这样，身体就会不可避免地发出一些预示新陈代谢缓慢的信号，例如延迟反射、液体潴留、高血脂和体温降低。

甲状腺素的分泌由另一个系统控制，它包括位于人体脑底的垂体腺分泌的另一种激素——促甲状腺素。如果血液中的甲状腺素含量较低，就会有更多的促甲状腺素分泌出来。相反，如果血液中的甲状腺激素含量较高，就会有较少的促甲状腺素分泌出来。这个控制系统被称为消极反应循环系统，是一种保持生物系统守恒的方式。它的工作原理与带有温度调节控制装置的加热器相似，这种系统可以在房间变冷时由温度调节控制装置发信号到加热器，使其开始加热。当温度升至预设水平，调节控制装置就会关闭，但是它会在温度降低时再次启动。这不是一个完全封闭的系统，因为你可以更改调节装置的温度设置。同样地，生物系统可以通过由大脑控制的垂体腺来改变甲状腺素的需求。但是如果甲状腺素含量长时间偏低，例如，当饮食中没有足够的碘含量时，不断升高的促甲状腺素也会刺激甲状腺体，使其为分泌更多的甲状腺素而增大。腺体会随着自身的增大，表现在脖子上，成为甲状腺肿。

研究过程中，最让医生忧虑的就是：8个夏尔巴人中就有1人显现出碘缺乏症，有些人甚至从一出生就罹患了疾病。一些人在胎儿时期的碘缺乏症大大地影响了大脑发育。他们生来就成为呆小病患者。呆小病是一种医学术语，用以描述与碘缺乏症相关的严重的神经迟钝。然而这些患者依然可以融入社会并承担有价值的工作，他们大多是搬运工，整日从峡谷中的溪水中打水提桶送到斜坡上的房屋。

在研究进行时期，呆小病并不为很多人所知，但是有一个谜题人们始终无法用科学来解答——不是所有的夏尔巴人都会因摄碘量低而出现缺碘征兆。更令人惊奇的是，也不是所有的新生婴儿都会成为呆小病患者，即使他们的母亲是碘缺乏症患者。在进一步的实验中，谜题变得越发深奥。一些呆小症患者患有某种脑部瘫痪，这种瘫痪是由于碘缺乏症阻止了大脑发育所致，但是其他人却未患此病。一些呆小症患者身材极其矮小（成人不到 1.4 米高），但是其他人却无此症状。还有一些人是聋哑人，而其他人却不是。所有这些特殊情况证明了相同缺碘环境下会有各种不同表现。彼得和他的医生同事通过碘注射治疗那些孕妇，结果呆小症的所有症状都消失了，这说明碘缺乏是导致上述疾病的主要因素。

从山上得到的经验

以下内容对一位年轻的医学家来说是非常重要的经验。首先，即使在相同条件下，也不是所有人都会表现出相同的病症。很明显，导致甲状腺肿、甲状腺素缺乏症和呆小症的潜在原因是一些内在易感性的相互作用，或许是基于个体基因构造变化和所处环境的状况。这些变化的起因并非总是明确的，可能是由于个体的改变或其所处的环境状况，或者两者兼具所导致的。例如，在尼泊尔的一个乡村中，曾有特别高的呆小症罹患率。这个乡村远离其他村落，雪后风景优美，居民普遍从山谷的斜坡上采集年代久远的石头，盖成两层石房——下面养牦牛，上面住人。那么这个村村民的问题是由其所处环境导致本地基因变化造成的，还是由于他们的饮食与其他村落略有不同呢？在研究中，唯一的不同好像就是该村的村民食用大量大麦。虽然还无法证实，但医生认为大麦可能含有阻止甲状腺分泌的物质。这个现象令人难以置信，因为在塔司马尼亚，儿童极易于春季罹患甲状腺肿，但是在春季过去的时候就慢慢消失了，直到下一年才再次发病。原来这是由牛奶中的一种化学物质造成的，这种物质来自春季草原上生长的野芜菁。

因此，这些信息清楚地说明，人类居住环境能够发生微妙变化，而人类无法立即察觉这些变化，但这些变化却决定着人类的疾病类型。并非所有人都有相同的基因构造，因此不是所有人对环境状态都有相同的反应。我们看得越多，就会越发意识到这个原则不仅仅适用于尼泊尔，世界上其他国家也是如此。环境的微妙变化甚至会对人类产生巨大影响，它取决于改变的本质以及改变发生在人类生命的哪些阶段。这种让我们自身适应环境的能力上的变化，帮助我们理解如何生活在世界上以及我们是否能保持健康或罹患何种疾病。

夏尔巴人居住在高高的喜马拉雅山谷上，而他们为此付出了沉重的健康代价。但是作为一个种族，他们用一些其他方式很好地适应了这个崎岖的地方，这就是为什么他们可以居住在那里。他们已经克服了呼吸困难的问题，这可是像彼得那样的常人所不能克服的。夏尔巴人还可以搬运重物到高海拔地区。一般搬运工可以承受的重量是30千克，而他们可以搬运双倍重量的货物上山，得到的报酬也是双倍的。一个夏尔巴搬运工一般可以搬运 60 千克以上的货物上山，这个重量可能比他自己还重很多，同时还可以锻炼出强壮的肌肉并增强肺功能。

夏尔巴人不仅仅是在生理上适应了所处环境，他们也已经代代繁衍生息，构成了复杂的社会结构和厚重的文化。这种文化与我们所熟知的文化并不相同。例如，一些地方实行一妻多夫制，且妻子的丈夫多为兄弟。这种习俗的出现是为了帮助夏尔巴人适应其特殊环境，因为当一个丈夫外出猎牦牛时，妻子需要有一个强壮的丈夫在家。

彼得的研究中，最棘手的问题是如何解决夏尔巴人的碘缺乏症。在欧洲，解决这个问题的方法主要是通过食物，例如 20 世纪20 年代，加碘精盐被引入家庭，很快防止了英国部分地区的甲状腺肿病，"德比颈"（Derbyshire neck）的现象再也没有出现。在 19 世纪中期拉斐尔前派油画中，那些年轻女模特的咽喉总是肿胀的，而如今已非如此。尽管碘盐也许是解决夏尔巴人缺碘问题的最佳方法，但是研究者发现，夏尔巴人的传统是食用从纷争不断的西藏高海拔地区（大约 5 800 米）运来的岩盐。夏尔巴人固守这一传统的原因是多方面的。首先，它保留了两个同宗教种族的交流；其次，穿越冰雪覆盖的关口到高海拔地区运输岩盐已经成为年轻夏尔巴男子的必经考验。因此，要解决问题前，必须顾及到这些因素。最后，医生只需为每一个夏尔巴人注射一针碘剂，这样的治疗也仅仅需花费 10 美分，却可以维持至少 5 年。人们在新几内亚等其他无法用食物解决碘缺乏问题的偏远山区也采取了相同办法。

当我们研究这些从夏尔巴人工作和生活中总结出的经验时，一些更宏观的生物学观点显现了，并形成了本书的一个新观点。首先，关于适应能力的问题。很明显，人类可以在某些极端环境中生存，这种环境可能比人类首次繁衍的中非大草原还要偏远。我们可以使自身与多种环境匹配，因为像老鼠、蟑螂等其他动物一样，我们也有广泛的适应能力。相反许多其他物种需要精确地与某种小生境相匹配。企鹅能够适应在冰冻的大洋中捉鱼，在南极冰面上繁衍后代；印度豹可以在追逐黑斑羚时疾跑到100千米的时速；变色龙或竹节虫则精于伪装术，使自己免于被食肉动物俘获，这些动物都惊人地与其所处环境相匹配。

第二点经验是关于代价。北极熊不适应在热带地区生活，而马来熊不能适应北极圈的生活。如果它们交换生活环境，都将难以存活。同样地，人类已进化到可以居住在多种环境中，但尽管如此，我们的适应力并非无限度的。尽管我们能够在极限环境中生存一段时间，但如果我们试图超越这些环境极限，必定要付出代价。所以一个物种如果生活在与其匹配的环境中，则会繁衍生息。环境与自身构造越是错位，所要付出的代价就越大。本书称这种代价为错位范例，这种错位的代价往往是疾病，就像夏尔巴人栖居于喜马拉雅高山谷中，结果患有甲状腺肿和呆小症一样。我们在研究中不断探寻是否我们渴望的这种"现代环境"也超出了人类的适应范围，如果是这样的话，当代发达国家是不是在得到发展的同时也付出了某种代价呢？我们探寻到答案后，就写下了这本书。

设计生命

"设计生命"原本是应用在生物发育和进化领域的词汇，但如今人们对其广泛使用，往往在智慧设计和反进化主义运动中也使用该词。我们的身体是由遗传基因与胎儿到成人的发育过程共同作用而成。进化过程可以选择决定我们的性格和身体的基因，而进化过程和发育过程都依赖于生物体及其环境的相互作用，并在不同的时期发挥着作用。进化通常要花费几千年，而发育则仅需要不到人的一生的时间。因此，若想理解这种设计，首先必须知道基因、环境和发育是如何相互作用的。

本书中所提到的"设计""选择"或"策略"，并不表示任何有意识的行为。他们只是代码词，用以解释进化与发育是怎样进行的。"设计"（生命的形态）纯粹是进化与机体发育成熟过程相互作用的结果。"策略"指的是机体使自身生物特点与环境相适应的方法。而对于情况的"选择"是指环境背景等其他因素是如何影响机体选择适应方式的。例如，在你健身或行走于喜马拉雅高海拔地区时，你别无选择，只能更努力地呼吸。

匹　配

人类的居住环境十分广泛。夏尔巴人居住于高海拔地区，因纽特人居住在北极圈之内，达尔文在其《小猎犬号之旅》（*The Voyage of the Beagle*）中提到的火地岛人居住在地球最南端，柏柏尔人则居住在撒哈拉沙漠中……这些都是人类在极端环境中生存的例子。南加利福尼亚的部分地区及澳大利亚人烟稀少的内陆地区已经变得越来越不适宜人类生存。这里地下含水土层干涸，无法提供足够的城市居民和工业用水。此外，这些地区的盐碱地增多，植物根本无法生存。1 000多年以来，太平洋瑙鲁岛上的居民一直过着稳定的生活，直到殖民者为了开采硝酸盐（一种丰富的天然肥料）而挖走所有的表层土，使这个曾拥有肥田沃土的兴旺小岛，变为岩石斑驳显露、了无生机的地方。人们不禁议论要将剩下的岛上居民迁往澳大利亚或新西兰。复活节岛位于太平洋上，这里的居民（在他们几乎灭绝前）也不得不忍受森林树木大面积毁坏而给他们生活带来的严重后果。他们不能再建造船只出海打鱼，因此鱼类也从他们日常饮食中消失了。波利尼希亚地区人口的急剧增加使这座小岛不堪重负，一些人甚至开始杀戮婴儿以控制人口。日本水俣湾的渔民由于汞中毒，致使其下一代脑部发生损伤。一些在越南服役的士兵长期吸入橙剂，很可能也会遗传给其后代。这样的悲剧还在不断地上演。它们都可以说明，人类即使没有移居到偏远地方，同样可能生活在危险环境中。

在夏尔巴人身上，我们可以看到因人类与环境不匹配而付出的巨大代价——胎儿时期碘缺乏会导致呆小症。同样，在水俣湾居民和越南老兵身上，我们也清楚地看到了环境危机对发育中的胎儿或婴儿的影响。这本书的主要议题正是：人类发育早期——从一个受精卵到胎儿——所处的环境将对我们的身体造成深远影响。

令人惊讶的是，我们在形成对人类所处环境的理解时竟忽视了发育的影响。但是毋庸置疑，胚胎学是19世纪生物学研究的重要组成部分，并为达尔文进化论的形成作出巨大贡献。达尔文意识到，胎儿发育的复杂过程可能会揭示出不同物种是如何进化的以及物种之间是如何互相关联构成进化树的。但是20世纪早期，随着对基因了解程度的深入，科学家的热忱已经转移到基因研究上了。直到最近，我们才重新意识到了解发育对于理解整个生物学体系是多么的重要。

我们现在知道，人类发育过程中所处的环境同预测、决定与自身最匹配环境的选择有关。我们的身体能够对来自环境的信号作出反应，并制定相应决策，产生暂时的生理优势以适应当时或未来的环境（比如褐色脂肪是新生婴儿体内的一种能量储存方式，寒冷时通过燃烧这些脂肪可以产生热量）。灰熊在秋天会增加脂肪以储备能量，用以维持冬眠时的身体各项功能的正常运转。储存脂肪暂时看不出有什么优势，但灰熊仍会这样做就是因为对即将到来的冬天的生理预期。我们可将这种生理预期称为"预测"。我们的同事帕特·贝特森（Pat Bateson）用"预告"一词来描述相似的情况。但是无论哪个词都不表示其是有意识的行为。动物无法通过观察水晶球预知未来，但是进化使它们有能力从环境获得信息，并在生理上作出相应的调整。当白天日益缩短，灰熊的代谢系统开始变慢，这种类型的生理预告甚至在胎儿发育时期就形成了。

因此，发育中的生物体可运用来自环境的信息选择与环境相匹配的体质。同样地，当我们收拾行囊准备旅行时，会设法预测即将面临的天气，并据此选择应携带的衣物。如果我们可携带的行李受限，比如要乘飞机出行，我们就要选择带什么，留下什么。倘若拿了雨伞，我们就不会带雨衣。如果要去滑雪，就不会带短裤和凉鞋。与此相似，生物体的胚胎和胎儿也会设法预测未来环境，然后选择它们应携带的"行李"。换言之，它们选择那种可以最大限度帮助生殖成功的适应性策略，因为这是它们生命之旅的最终目标。如果它们预测将生于一个寒冷的环境，可能会长出更厚的皮毛。宾夕法尼亚州的草地野鼠就是如此。这种小动物看起来像老鼠与大颊鼠的合体，跟所有野鼠一样，草地野鼠长得很快，在交配几周内就可以产仔。如果它们出生在春天，幼鼠就会长出很薄的皮毛，但如果出生在秋天，就会长着很厚的皮毛。皮毛厚度从出生后便固定下来，不同厚度的皮毛体现了不同的生存优势，因为在美国东北部，即便夏天非常温暖，冬天仍非常严寒。更有趣的是，如果生物体预测到其即将出生的环境中会有很多饥饿的天敌，就会在发育过程中作出相应的调整，使其具备更强的防御能力。水蚤也被称为水生跳蚤，因其游动的方式好似在水中跳跃。水蚤是一种淡水甲壳纲生物，是养鱼池中的常见鱼食。在自然池塘中，昆虫幼虫是水蚤的主要天敌，但是这些幼虫释放出的化学物质（称为种间外激素）暴露了它们的身份，因此，如果成长中的水蚤感应到高密度的这种化学物质时，就会长出甲壳，使自身不易被虏获。在本书中，我们也会看到如果生物体的预报错误，或出现一个错误预测，以至于身体发育出不适当的应对策略，进而形成同所处环境的错位。这些将把我们带入新的科学领域——生态发育生物学。

那么我们是怎样适应所处环境的呢？部分是通过自然选择。查尔斯·达尔文在他的重要著作《物种起源》(*On the Origin of Species by Means of Natural Selection* 全名：《论借助自然选择的方法的物种起源》)（1859）中第一次使用了"自然选择"这个术语。自然选择是生物通过选择变异的性状而不断进化的过程，这一进化过程提高了生物生存和繁殖的成功率。特定环境中，影响个体性状表达的基因可能被遗传给后代，而且具有这些性状的个体繁殖成功的可能性更高。

但是在生命的进程中，环境也影响着每个个体从母亲或父亲那里遗传而来的基因的启动和关闭。在所谓的胚胎、胎儿和婴儿的"塑型"阶段，环境的影响能够决定它们的性状如何发展，并产生永久的后果。进化使我们在发育期对环境作出特定的反应。因此，人类在发育和代价方面可以作出多种选择，最终的目的都是为了提高自身与环境的匹配程度。环境不同，最终的结果也有好有坏。

匹配意味着两者互补。你穿的鞋互相匹配但是并不相同，除非你有两只左脚！我们说两个人关系非常匹配，并不表示他们非常相似。事实上，我们的意思可能刚好相反，他们互相理解，一方个性上或行为上的任何缺点都恰好是对方的优点。当一个人生气或是疲劳时，另一个人就会帮助他。这种关系很合适，因为它是动态的，每个人都对对方的需求作出回应，相互支持。本书中，我们会关注这种人类生物之间与我们所处各种环境本质之间的互补关系。他们都在某种程度上不断改变，相互交织。如果一个生物体与其环境匹配，那么我们会认为这是进化与发育过程共同作用的结果。

错位范例

世上没有绝对的适应与不适应，只能说是有的生物与环境适应的较好，有的则较差。就好比我们照镜子看自己的夹克和衬衫有多配套一样。生物的体质与环境越匹配，就越可能繁衍生息；相反，如果错位的程度越高，它就越要努力地适应该环境，并为此付出代价。错位程度越高，代价越大。如果生物体根本不能有效处理这种错位，那么后果将是严重的病患或死亡。环境或生物体自身的改变都会导致错位。例如，在某个环境中，与生物健康密切相关的一个基因发生了突变，错位就会不可避免地出现。乳糖不耐受症就是由于能够合成乳糖分解酵素酶的基因发生了突变而产生的。肠道中的乳糖分解酵素可以分解牛奶等食物中的乳糖，帮助人体吸收。如果患有乳糖不耐受症的人生活在以牛奶为固定食物的地区，他们将会由于未吸收的糖分残留在肠道内而导致慢性腹泻，也可能因此而患上营养不良症。

错位也可能由环境的迅速改变或巨大变化造成。18世纪的水手在出海时死于败血症的概率很高，这种疾病可以导致许多身体组织出血。患上这种疾病的人皮肤有大面积瘀斑，牙龈出血，牙齿松动，刚刚痊愈的伤口可能会再次破裂，肌肉和关节出血会引起剧痛。水手罹患败血症的原因是，在海上航行过程中，他们的营养结构发生了改变。在陆地上，有大量新鲜食物可供食用，但是在海上，所有食物都是脱水或是盐渍的。在每到达下一个港口之前，是没有新鲜蔬菜或水果可以食用的，而港口之间的航程可能要花费几个月的时间。因此他们的饮食中严重缺乏维生素 C。当然，人体本身可以储存一定量的维生素 C，要经过一段时间它们才会被完全消耗，但是当它们消耗殆尽，人类就会患上败血症。这就是为什么败血症仅仅在远洋航海中屡见不鲜。但是仅仅摄取一点新鲜水果就可以阻止疾病的发生。水手们一定也曾考虑过如何才能让水果在温暖、潮湿的船舱内保存数月。其实答案很简单，水手可以在航海期间饮用蔬菜提取液，过一段时间再喝一些酸橙汁或柠檬汁。可是水手不喜欢这种味道，更喜欢喝朗姆酒，但是腌菜和莱檬汽水拯救了无数水手的生命。这样，大不列颠王国才成功地取得了海上霸权，英国人也被称为"英国佬"（limey，源于英国舰艇上使用的预防败血病的莱檬汽水）。

目　录

第一部分 | 匹 配

在下面的 5 个章节中，我们将要探讨两个问题：匹配的条件是什么？是什么导致了错位现象的发生？首先，在第一章中我们要进一步分析匹配的概念。在第二章中，我们会对遗传的类型进行探讨。这些不同类型的遗传共同作用并决定我们的身体构造，这也就是我们的进化和基因历史、表观遗传（epigenetic inheritance）过程以及两代间的行为和文化影响。在第三章中，我们要将目光转向发育的过程，并试图阐释这一过程是如何调整我们所要继承的那些特征以适应这个时代的环境。表述自从大约 15 万年前人类这一物种开始出现，人类环境发生了怎样的改变？在第四章中，我们将通过这个问题来探讨平衡的另一个方面。最后，我们会在第五章中说明来自多方面的因素是如何共同作用并限制我们在现代世界中的生活方式，阐述这些因素如何导致有害健康的错位。

第一章

我们的舒适区

随着年龄的增长，我们的道德感变得越发强烈。同时，我们开始思考这样的问题：我们过得是否快乐，曾经的付出是否值得，我们的生活是否成功呢？对于我们来说，"值得"或是"成功"又意味着什么？也许我们对已经积累的财富感到满足。也许我们该把长寿和生活的质量视为"成功一生"的标志。也许我们还会想到自己给别人留下的深刻印象。尤其是当我们有了孩子，我们渴望知道是否能从他们身上看到我们自己秉持的道德观念和理想。在某种意义上，大多数家长都将孩子的存在和孩子取得的成就当作自己"成功一生"的有力证明。此外，对于很多年龄较大的社会成员来说，成为祖父母意味着生活中尤为重大、喜悦的时刻从此开始了。

当生物学家评判动物和它们的"成功一生"时，会使用非常相似的概念。生物体是否能够成功繁殖，它们的后代是否能够存活并继续繁衍？这些问题对于生物学家来说至关重要。生物学家一般都用"适切性"（fitness）一词来描述这一成功。

自然选择（natural selection）指在一特定环境中，选择那些更加符合"适切性"的特点或特性。在不同环境中，不同的特性也许更加有利。罗斯玛丽·格兰特（Rosemary Grant）和彼得·格兰特（Peter Grant）夫妇在对加拉帕哥斯群岛鸟类的研究中观察到，如果气候变化引起植物发生改变，具有不锋利的喙的鸟（而不是具有锋利的喙的鸟）可能更有生存优势，并被优先选择。

　　进化的动力来自种群中某种性状的变异（也就是说种群中的个体会存在差异）。这是进化生物学的基本原则。存活率及繁殖成功率体现了这种变异。这也是为什么某些个体的后代比其他个体的后代多的原因。假如变异后的性状源自基因，那么那些有更多后代的个体会丰富或改善下一代在这一方面的基因池。

　　动物怎样才能拥有最佳的"适切性"呢？不同的物种、同一物种中的不同成员以及不同的性别使用的策略也不尽相同，但大多数是由存活率和繁殖成功率所决定的。为了在"交配竞赛"中获胜，动物必须活到能够参与交配的年龄，身体足够健康并能够养育后代（至少鸟类和哺乳动物是这样）。没有一个物种的所有后代都能活到成年。当然，一些物种的成年率很低，例如鱼和昆虫。据估计，1万只绿海龟中仅有1只能活到成年。只有人类、鲸类以及其他一些大型哺乳动物的新生儿活到成年的概率高于25%。

　　最佳的繁殖性能（最大适切性）在一定程度上取决于个体所处的生存环境，如食物、捕食者的数量，甚至是同物种间同性别的竞争者的数量。但是繁殖性能也依赖于生物体自身的状况——它能在缺少食物的情况下比其他的竞争者存活更长的时间吗？它能够从已选定的配偶身边赶走其他的竞争者吗？当生物体自身的状况能够与它所处的生存环境相匹配时，就可以达到最佳的繁殖性能。进化过程会随着一个物种的进化逐步达到这种匹配。因为任何族群中都存在个体间在基因和发育过程中的诱发变异（induced variation），所以不是物种中的每一个个体都能达到理想的匹配状态。随着物种的进化，物种中的每个成员都要经历这种匹配或适应过程，正是这个过程创造了特定物种绝大多数的性状。我们所说的是大多数的而绝不是所有的性状，因为某些性状是偶然发生的——即突变（这种突变既不是个体所具有的优点又不是它所具有的缺点）。例如，虽然所有海贝都生活在泥里，但是一些海贝的颜色却不同，这很可能就是一个不确定的性状。

而当我们考虑到能够使交配取得成功的性状时，我们意识到不论是对于雄性还是雌性来说，很多性状与存活、击退捕食者等因素无关。这些物种像我们人类一样都是"有性繁殖"，一般都会在一定程度上对配偶作出选择，因此配偶的选择过程对于遗传基因模版来说非常重要。一个个体的性状是如何产生的，或者说在进化过程中这些性状是如何被选择的？我们先暂时抛开这个问题不谈。但必须要注意的是：并不是生物界发生的每件事物都有一个"适应性论"的解释——生物的有些特征只是某个适应过程的副产品，或许根本就与适应无关。例如，这可能是由一种既无益又无害的家系突变引起的。

因此，进化过程有助于提高个体的繁殖适切性：有些进化过程与环境的特点有关，而另一些则与个体的特点有关。环境的改变会导致动物繁殖性能大打折扣，就像动物园管理员熟知的那样，他们试图使关在笼子里的动物产仔，但往往不能成功。而基因也会直接影响到动物的繁殖性能。在美利奴（细毛）羊这个例子中，有一种突变叫做"布罗拉突变"（Boroola mutation），这种突变促使羊排出多个卵子，因而有时会产 4 胞胎、5 胞胎甚至是 6 胞胎。小羊羔出生时就很小，而母羊仅有的两个乳头又不能为它们提供充足的奶水，所以没有几只能够存活下来。另一方面，动物饲养者知道近亲繁殖通常会降低生育率。在这一章中，我们要进一步探讨生物的性状如何与环境匹配，如果不匹配又会由此产生什么样的一系列后果。从以上列举的例子中我们可以明显看出：匹配的程度以及个体的命运在某种程度上取决于个体的内在原因，同时又取决于个体所生存的环境。

基因的作用

现在我们必须给这两个重要的术语下个定义——表型（phenotype）和基因型（genotype），因为它们始终贯穿在这本书中，并为我们提供了有用的简略表达方式。基因型只不过是全部基因的总和，其中包括所有不同程度的突变。某一物种中的所有个体都具有非常相似的基因型，尽管这些基因型中的每个基因在个体间存在细微的差异。除精子和卵子只有一个副本（copy）之外，每个细胞中的每个基因几乎都有两个副本。所有其他细胞的副本分别来自父母。性染色体上的基因是另一个例外。在哺乳动物中，雄性有一个 X 染色体和一个 Y 染色体，而雌性则有两个 X 染色体，没有 Y 染色体。X染色体和 Y 染色体上的基因通常都不同。

位于一对同源染色体相同位置上控制某一性状的不同形态的基因叫等位基因（alleles），因此大多数的基因都有两个等位基因——分别来自父亲和母亲，可能一样，也可能不一样。等位基因之间的差别是由它们 DNA 序列的不同而引起的。由于维持并复制 DNA 是一系列复杂的生物化学过程，而这一过程又不是十分完善，因此等位基因出现了差异。每次细胞分裂，组成基因的 DNA 就会被一系列的酶所复制。酶的作用是复制、校对并修复 DNA。有时，复制过程中的错误没有被修复，一旦出现在卵子和精子中就会遗传给下一代。这些错误被称为突变。有些突变没有明显的影响；而另一些突变对个体来说能够产生重要的影响。有些突变是由一个基因的 DNA 序列变化而引起的，如膀胱纤维化；而另一些突变是由于染色体上的 DNA（甚至是一个多余的或被删除掉的染色体上的 DNA）排列产生重大变化，进而对许多基因产生影响。例如，唐氏综合征（Down's syndrome）可由第 21 号染色体的多余复制引起，或由多余的一条 21 号染色体附着在 14 号染色体上引起。大多数等位基因也有微小的变异。即使这些变异会引起基因功能差异，也只不过是一些极其微小的差异。这些小的变异被称为多形性或多态现象（polymorphisms）。这与同一本字典的两个版本相类似——一本是美式英语版，一本是英式英语版。一般来说，两个版本的单词都一样，只是有一些词略微有些区别，比如这 3 个词：颜色（color 和 colour）、中心（center 和 centre）、犁（plow 和 plough）。如果把与基因有关的术语运用到这些字典中，我们就可以把整本书看作基因组或染色体组（genome），那么每一个单词都是一个基因。我们可以说这些书是同一个物种，它们在遗传上具有一致性，有同样的基因；同时我们既可以使用美式英语的拼写又可以使用英式英语的拼写，并用它们组成可以被别人理解的句子。尽管如此，当基因被表达时，它们能够产生出不同的效果，并表现在生物的体表特征上，所以同一物种内部的个体也有着不同的基因型。我们应注意到由突变和"多形性"引起的等位基因的变异。突变会对所要表达的含义产生重大的影响，例如：jumper 在美式英语中的含义是"无袖的连衣裙"，在英式英语中则是"针织紧身套衫"。而"多形性"很少或根本不会对它产生什么影响，例如：使用 color（颜色）而不是 colour（颜色）这种拼写方式也许会激怒英国读者，但并不会引起含义上的混淆。

我们只有在实验室里对个体的基因（也就是基因组）进行完全排序时才能看到基因型。与之不同的是，表型是对生物体真实外貌的描述。在常用术语中，表型一般被用来描述明显的物理特征，如根据身高，个体可以被描述为高或矮。表型一词可以被用来描述任何可观察到的特征，尽管有时必须进行某种形式的诊断测试。我们可以从葡萄糖耐量的测试结果中发现，一个糖尿病人与一个正常人的生物化学表型是不同的。一个患有高血压的人与另一个血压正常的人的心血管表型也是不同的。概括来说，个体在生命各个阶段（从被母体孕育到现在）的表型是表型与环境反复相互作用的结果。正是由于这个原因，一个特定的基因型会形成不同的表型。在许多生物体中，发育过程中的相互作用是表型的重要决定因素，因而也对生物的适切性和生存起到了重要的决定作用。这些过程即我们所说的"发展塑性"（developmental plasticity）。

基因并没有对表型作出直接的、详细的规定，而是为发育中的生物体提供了工具，以塑造它的表型特征并与自然环境相匹配。就像音乐家在不同的场合，根据他们自己的感受、观众的类型等因素，以不同的方式来演奏同一首曲子。由于环境的影响，即使具有相同基因型的生物体（如同卵双胞胎）也可能会有完全不同的某些表型特征——通常来说，他们出生时的大小不同。这是因为小的那一个在子宫内时没有另一个营养吸收得好。最近的研究阐明了由于环境上的细微差别，双胞胎发育过程中的基因表达（gene expression）形式是如何逐渐产生差异的。

查尔斯·达尔文（Charles Darwin，1809～1882）和阿尔佛雷德·拉塞尔·华莱士（Alfred Russell Wallace）的非凡洞察力使我们对"生物体与它们所处的环境是如何相互影响的"这一问题的理解有了本质上的改变。回顾过去，由于他们不懂得遗传是如何起作用的（即解释清楚基因的本质），他们取得这样的成就更是斐然。他们不知道基因是 DNA 螺旋状体，它对细胞器发出指令以制造蛋白质。对蛋白质合成的基因控制是所有生物发育过程的基础，其中包括一个受精卵是如何神奇地发展成为一个具有 100 万亿个细胞的成年人的过程。这些细胞以一种非常特别的方式被组织起来。基因由核苷酸（nucleotide）组成（核苷酸由糖和碱基链接而成）。成千上万个基因首尾相连缠绕在一个染色体中。DNA 中仅有 4 种不同的核苷酸，而基因是由成千上万个核苷酸链接而成。核苷酸密码子的转录系统（即所谓的基因密码）非常复杂，它能够决定每个 DNA 序列的含义，进而也能够决定什么时候制造哪一种蛋白质。基因的一端并没有参与到制造有效蛋白质的过程中，因而这一部分信息并没有被"译出"——它可以对环境发出打开或关闭基因的指令。这部分基因被称为启动子区（promoter region）。其他分子（通常是蛋白质本身）会与启动子区的 DNA 结合并打开或关闭基因，从而开始或停止生产蛋白质。现代生物的复杂性大多在于：对于这些调控或预制因素的控制能影响到许多其他基因的活动。之所以叫做"调控或预制因素"是因为他们会通过与启动子区结合，对基因起到约束或抑制的作用。因此，单独一个基因表达的变化就会引起一系列复杂的连锁反应。

变 异

选择是以在外貌、结构和功能（即表型）上的变异为基础的。在某种程度上，外貌、结构和功能又取决于基因的变异，同时基因也决定表型。达尔文首次发现了变异的重要性。没有变异就不可能有选择——生命会是全有或者皆无的。如果一座岛屿上的老鼠完全相同（也就是说它们的基因组完全相同），基因变异就不会发生。

因为没有选择的余地，所以这一种群原本有可能的进一步进化就不会发生。一旦感染某种疾病或当环境发生某些变化时，所有的老鼠都难逃灭顶之灾。

基因变异最重要的部分是使生物体在抵抗感染方面存在差异，因此不是物种中的每个成员都会受到流行病的侵害。设想一下：H5N1型禽流感病毒在世界范围内暴发，如果我们所有人的基因都完全相同，人类这一物种是否还能存活下来呢？病毒侵入时，生物体的免疫系统会进行调整并形成相应的免疫力，但流感病毒是突变方面的专家，它使生物体免疫系统的调整功亏一篑。H5N1型病毒变种之所以受到如此多的关注是因为人类还没有对这种病毒的特殊变种形成免疫力。如果病毒改变了形式，就很容易从一个人传染到另一个人，那么就好比种下了一粒能在世界范围内暴发的流行病的种子。对于我们中的一些人来说，幸运的是我们应对病毒的能力存在差异，因此并不是每个感染上病毒的人都会生病。对于人类这一物种来说，幸运的是人体的免疫力会不断改善，以应对这种流感带来的最坏影响，正如在人类历史中我们曾遇到过的其他病毒一样。如果没有这些，人类可能早已经灭绝。

每个基因中含有成千上万个能显示出变异的核苷酸，变异的核苷酸反过来又会引起基因在表达方式上的变化，某些时候还会引起蛋白质的变化。正是由于这种历经几代的变异，改变了一个种群的基因池，并反映在种群中个体的各种小突变及其频率上。因此，种群中的某些生物个体在外表上显示出了很大的差异（表型）。正如达尔文所认为的那样，人工选择可以对这些变异起到促进作用。在动植物繁殖的过程中，喂养者为在其特点方面，例如：大小、颜色或口味，得到与野生形式极其不同的表型，对几代个体进行选择。

达尔文所描述的优良的鸽子是从野生鸽子中被挑选出来并喂养，看起来与野生鸽子截然不同。同样，达克斯猎犬与圣伯纳德犬这两个品种的狗也许都有一个共同的祖先——狼。但是对于没有见过这两种狗的人来说并不能马上看出它们之间的这种关系。而喂养者对于与近交品系有关的能育性问题也非常熟悉。如果基因组的组成变化程度很大，就会使得个体不能与最初的源种动物或其后代进行杂交繁殖，但是可以在本种群内繁殖，那么我们就说新的物种诞生了。这是物种形成的基本概念之一，这也是由达尔文首先提出的。

每个物种的隐性基因都能产生巨大的变异。这些"沉默基因"（silent genes）引起的表型变异只有在特定的情况下才很明显，并体现在生物发育过程中表型的变化。基因变异的影响受许多重要过程的制约。通常在生物发育过程中，其他基因的表达会制约基因变异的影响，这种制约确保生物出生时保持最佳的体态。其他基因表达的制约使基因变异能够持续进行（而不是被消除），但并不总是被表达出来。这些潜伏的变异保留在基因型中，并在某些情况下被表达出来。如果环境发生了变化，不同的表型可能更加具有适应性。例如，如果有充足的食物，非洲沙漠蝗（schistocerca gregaria）会聚集在一个地方，但如果聚居的密度过大并且食物不充足，它们中的一部分就会迁徙到他处。迁徙的非洲沙漠蝗看起来与留在原地的非洲沙漠蝗在外表上截然不同。如果没有注意到迁徙这一点，我们一定会认为它们是两个截然不同的物种。迁徙使非洲沙漠蝗的外表发生了巨大变化，它们的翅膀更大，口器（mouthpart）、伪装的颜色以及新陈代谢的方式都与原来的非洲沙漠蝗有所不同。这些变化使它们能够顺利飞往有更多食物的地方。白天它们并不是藏起来而是成群地聚集在一起，不加鉴别地吃掉了它们所经之处的所有植物，只留下一片狼藉。表型选择的信号是母蝗虫发出的。母蝗虫在她排的卵周围分泌黏性物质，发出与聚居密度有关的化学信号。此外，蝗虫容易受到来自其他蝗虫的化学和触觉信号的影响，这些化学物质和触觉信号也会影响到蝗虫所要发展的表型。因此，蝗虫基因组中的遗传信息包含有这些选择性的表型，但是只有当食物供给受到威胁时，这些遗传信息才会被表达出来。

　　这些过程是保持基因多样性的重要手段，进化也正是在基因多样性的基础上起作用的。这些过程也告诉我们发育方向是如何被调节和控制的。来自俄罗斯西伯利亚地区伟大的遗传学家德米特里·康斯坦丁诺维奇·贝尔耶夫（Dmitry Konstantinovich Belyaev，1917 ~ 1985），于1958年开始对俄罗斯银狐展开大量且重要的研究，其著作中的例子为我们提供了丰富的信息。贝尔耶夫研究中提到的野生狐狸都是银白色的，就像"野生"这个词所诠释的那样，它们十分凶猛，对人类也并不友好。贝尔耶夫注意到，在这一表型方面仍然存在一些差异。有一些狐狸比其他狐狸更温顺，当饲养者接近它们时，它们表现得更像家狗。贝尔耶夫感兴趣的是，为什么各种物种在被驯养时都表现出了相似的被驯服的特质。于是他根据温顺的程度把狐狸进行分类，然后只去驯养那些最温顺的。这些狐狸的几代都不仅变得温顺而且看起来更像是宠物：摇动时卷起的尾巴、下垂的耳朵，甚至是一些诸如花斑的毛色（这种颜色的皮毛在野生状态下是非常不利的）。如各种各样的家狗一样，这些银狐的体形大小也不一样，腿的长短也不同。经过八代的驯化，人工选择的过程对基因组产生了影响，促使野生状态下银狐具有的那些表征趋于消亡。同时，一系列其他特征（指那些原本隐藏在基因组中并被阻止表达为表型特征的基因）出现了。

生活策略

每个物种在进化过程中都会形成一些生活策略。其中包括生命进程的主要部分：如何成长、繁殖，何时繁殖以及能活多久。这些就是生物学家所指的生活史策略（life-history strategy）。此外，生活策略还包括生物是如何在所处环境下生存的。例如，它有哪些社会结构，把什么作为食物，用什么办法躲避捕食者。通过对最大适切性的选择，这些策略中的每个要素以及它们之间的相互作用都在不断完善。因而这些生活史策略与物种所处的各种环境有着紧密的联系。

进化使生物具有可以运用多样繁殖策略的能力。雄性的大鳞大马哈鱼（pacific salmon）奋力沿着阿拉斯加的溪水逆流而上，同时还要躲避捕食者（熊、鹰），并与其他雄性鱼争夺配偶。在筋疲力尽后，它完成了一生中仅有的一次交配，随后便死去。相似的例子还有螳螂，雄性螳螂在与它的配偶交尾后被雌性螳螂吃掉，通过这种方式它为它的受精卵提供了成长所需的食物。雄性琵琶鱼通过咬住较大的雌性琵琶鱼，变成附着在其身上的一种寄生物，靠吸食雌性琵琶鱼的血液生存，并在适当的时候分泌精液。这些生活史策略的特例一直吸引着生物学家，使他们着迷。达尔文也曾穷尽毕生精力研究藤壶，同事们从世界各地给他寄去大量的物种标本。他注意到在某些藤壶物种中，雄性作为微小寄生物寄生在雌性体内，它们没有独立的生活，也从不离开雌性的身体——这确实是一种非常亲密的关系！

尽管这些例子很有趣，我们仍需要把注意力放在哺乳动物上。雌性哺乳动物一定会养育她的孩子直到它们独立，因为在哺乳期她是孩子唯一的食物来源。一旦孩子们可以四处走动了，母亲（某些物种的母亲是在父亲的协助下）必须教会孩子如何猎食或寻找食物，直到它们独立。对于大象和人类来说，这需要花费很多年的时间。因此，雌性哺乳动物最终是否成功（或者叫达尔文适合度）取决于她有多少幼崽，它们被养育得如何，多少幼崽长到成年，还有最重要的是它们是否能成功交配。雌性活得更久意味着有更多的怀孕机会，孩子有更大的存活概率。对于每次怀孕后通常只产下 1 个幼崽（单胎妊娠）的物种，如抹香鲸、大象和人类，以及每次怀孕后产下多个幼崽（多胎妊娠）的物种来说，雌性活得更久是很必要的。对于后者（如兔子和老鼠）来说，因为单个幼崽的成活概率更小，所以雌性活得更久显得更为重要。

很多物种的雄性有着同雌性截然不同的繁殖策略，它们所要优先考虑的事情也与雌性大为迥异。女性读者对此也许不会感到惊讶。在许多群居生物中，如黑斑羚或海象，雄性与一群雌性配偶聚居，并与其他雄性为争夺支配地位展开竞争，以保持这种"妻妾成群"的状况。在竞争中，通常都是体形最大的雄性获胜，不过它的支配地位也只能维持一个交配季节。为了在唯一的交配季节中取得支配地位，它必须增强体力，要在为最高地位而战的战斗中获得胜利，并将这种统治权持续整个交配季节。我们可以假设另一种策略——偷偷摸摸地进行，我们在灵长目动物中发现了这个策略，如狮尾狒狒（gelada baboon）。那些体形小并且地位不重要的雄性狒狒采取这个策略，它避免与比它大的首领（"妻妾成群"、占支配地位的狒狒）发生冲突，只是跟着它四处走，与其妻妾中的一个偷偷摸摸地进行交配。

其他物种中，雄性与雌性在持续很长的一段时间内保持着稳定的夫妻关系。许多鸟类（如天鹅、金雕和阿房鸟）和一些哺乳动物（如海狸）也是如此。在"妻妾成群"和"一夫一妻"的两个极端之间仍存在着其他的策略，例如，几个雄性与几个雌性之间可以自由进行交配（如狮群）。显然，雄性可以通过若干策略达到适切性。第一个策略，是一个季节，多次交配。第二个策略，是长期供养一个或几个雌性及它们的幼崽。

在灵长目动物家族中任何群居的形式都可能存在。一个极端的例子是猩猩。它们是独居动物——成年猩猩有它们自己的领地，雄性和雌性只有在交配时才在一起生活。幼崽由雌性抚养长大，而雄性在这方面则投入的很少。另一个与其相反的例子是狒狒。它们生活在一个大群体中，采取"一雄多雌"制。群体中有多个雄性、雌性狒狒及其幼崽。雄性狒狒为交配展开激烈的竞争，并且通常只有一个占支配地位的雄性狒狒，但是它们合作共同保卫领地安全，不受其他群体的侵犯。地位较低的雄性狒狒可能会秘密进行交配。黑猩猩也生活在由多个雄性和雌性构成的群体中，但是它们的群居活动却更加复杂。其中的小群体，例如雌性和她的幼崽或者夫妻俩，会分开行动去寻找食物，然后再返回到大群体中去。它们的交配形式多种多样，例如雌性黑猩猩也许会与多个雄性进行交配，为避免雄性杀害幼婴，混淆父亲身份是一个很好的策略。有些灵长目动物（如长臂猿）是"一夫一妻"制。成年雄性、雌性和它们的幼崽形成了长期的家庭关系。大猩猩是"一雄多雌"制的群体，群体中有一个占支配地位的雄性大猩猩和多个带着幼崽的雌性大猩猩（可能还有几个地位较低的雄性大猩猩）。占支配地位的雄性大猩猩通常会尽力避免曾与它交配过的雌性大猩猩同地位较低的雄性或者是与居住在群体外的独居大猩猩进行交配。相反，一些美洲大陆的灵长目动物（如南美狨猴）采取"一妻多夫"制。它们所居住的群体中有一个带着幼崽的成年雌性狨猴，还有多个与它交配的成年雄性狨猴。在这种状况下，尽管雄性狨猴不认识它们的幼崽，最好的办法就是把幼崽都看作它们自己的孩子，为雌性狨猴和幼崽提供食物。一般来说人类都是"一夫一妻"制，两性之间形成长期的夫妻关系，并且父母双方都对孩子的成长尽心尽力。但是，如果你细读那些"周日报纸"就会了解人类，他们的繁殖策略同我们上述所说的那些灵长目动物所使用的策略是何等相似。

因为人类生命进程的策略以每次孕育一个孩子为基础，所以对子女进行长时间的养育，父母双方共同投入以及合理、稳定的夫妻关系是最理想的。因此为了把孩子养大成人，父母尤其是母亲活得足够长久是很重要的。在达尔文使用的术语中，这样做是为了达到把基因传给下一代的更大适切性。如果母亲刚刚生下孩子后不久就死去，那么适切性会极大地被降低。稍后我们会讨论这个问题——这也许能够或多或少解释绝经期出现的原因。我们也将看到在人类的进化历史中，我们的寿命比祖先更长。更加长寿意味着生活富足，身体健康，能够养活子女甚至是孙子孙女。

由病毒引起的流行病（如流感）仍然是人类非常关注的问题。除了来自这方面的威胁之外，其他物种不会对人类构成多大的威胁。而来自人类自身的威胁确实存在。我们已经在这样的环境中得到了进化。人类作为由个体组成的群体和一个物种，战争以及人类内部存在的人与人之间的暴力仍旧是我们生存所面临的主要问题（如"核冬天"）。社会生物学家从进化的角度对人类的行为进行研究，这意味着为了减少由成员之间竞争而引起的威胁，我们已经完善了许多群体行为。我们在使用进化的观点来理解人类社会的行为时非常谨慎。这在某种程度上表明，行为的进化起源（如利他主义）以及我们的道德感和道德标准在不断发展。

人为差异

当"先天"和"后天"这两个对应词出现的时候，我们不知道读者是否有过与作者相同的低落情绪。我们认为这种区分是人为的，没有什么用处。现在我们就要对此作以解释。对于许多人来说，"先天"意味着基因，"后天"意味着环境。把"先天"看作遗传基因信息的想法应包含更多的内容。因为正如我们所看到的那样，被遗传下来的不都是基因的原因，这一点显示出了这种研究方法的局限性。我们遗传下来的基因基本上与其他人的基因相同；不同的是这些基因和其表达方式的细微差异。

我们的 DNA 是从父母那里遗传来的 DNA 的副本。我们父母的基因来自对受精卵中的 DNA 的复制，而受精卵中的 DNA 来自我们的（外）祖父母。同样地，我们的（外）祖父母的 DNA 来自他们的父母，就这样一代复制一代。大约一万代之前，人类这一物种的雏形才形成。物种形成是一个持续的过程——我们的祖先从能够直立行走到变成有智力的人的过程，并不是在一段神奇的时间内完成的。但是我们持续复制 DNA 的能力，可以追溯到直立行走的时期，再到早期原始人的祖先甚至是它们的先辈，更远追溯到哺乳动物的生活初期，甚至到更早期的无脊椎动物甚至到生命的初期形式——单细胞生物体。理查德·道金斯（Richard Dawkins）在他的《祖先的传说》一书中完美地阐释了这一过程。

在每个繁殖过程中，DNA 复制的偏差都会发生，这种偏差有的会造成小突变，有的甚至会引起大突变。有些变化对生物既无害也无益，有些变化则是不利的并被自然选择所淘汰。但是，有些变化在某个特殊环境下也许是有益的，并因此被放大。所以在一个物种内，我们能够看到突变在不同的环境中变得稳定下来。变异的个体与未变异的个体逐渐区别开来。随着时间的流逝，这些生物可能会积累它们在基因结构上的差异，以至于最后它们之间不能成功地进行交配，就此两个源于同一祖先的新的物种进化而来。人类和猿、大猩猩、黑猩猩、倭黑猩猩（矮小的黑猩猩）以及猩猩都是由同一个祖先进化而来。1 200 万年前和 700 万年前，我们分别与猩猩和大猩猩的祖先分化，大约 500 万年前又与黑猩猩和倭黑猩猩分化，所有这些从进化的角度而言都是相对较近发生的事情。自从生命第一次出现在这个星球上，我们就可以用 DNA 的相似与不同，绘制出我们的进化历史。6 500 年前，当有人从非洲迁徙出来移居到其他大陆时，我们也可以用它来绘制出人群之间的关系。黑猩猩与我们的血缘关系最近，我们高于 95% 的 DNA 序列与黑猩猩相同，这并不奇怪，奇怪的是我们高于 40% 和 20% 的基因组与果蝇和蛔虫相同。

基因结构的变异对我们应对环境的方式产生了深刻的影响。例如由基因缺陷而引起的罕见情况——槭糖尿病（maple syrup urine disease）。这种基因缺陷使得氨基酸（异亮氨酸、缬氨酸和亮氨酸）不能被正常分解，因而过量的氨基酸和异常代谢物会进入到尿液中。新生儿的尿液闻起来像槭糖浆——这确实是一个独特的诊断方式。如果没有得到及时治疗，这种状况会导致婴儿大脑损伤甚至死亡。婴儿一旦被诊断出患有这种疾病，如果不给他食用会引起疾病的氨基酸，那么他的成长就会相对正常，不幸的是这很难做到。对于婴儿来说，患这种病会危及生命，对于家人来说也是一件令人沮

丧的事。但是这个病既可以看作基因方面的，又可以看作环境方面
的，因为当给孩子食用恰当的食物时，这种疾病就不会发作。我们
是在尽力说明这样一种观点：把生物学看作只研究基因或只研究环
境都十分片面——所有的生物学都是以基因和环境二者之间持续的
相互作用为基础的。

生物发育过程中，环境因素的相互作用尤为明显。钙可以帮助
胎儿的骨骼发育。从母体输送到胎儿的钙量取决于母亲的饮食、所
处的环境以及胎盘上的基因。如果营养不良或是缺少阳光照射，母
体的维生素 D 含量低，她的孩子就会骨质疏松。但是，如果胎盘的
胚胎区域发生一种特殊的基因（控制钙输送的基因）突变，只会有
很少的钙被输送到胚胎，那么这种骨质疏松发生的可能性就更大。
因此基因的表达、母体的行为以及饮食三方面相互作用，决定着输
送到婴儿骨骼中钙量的多少。这些在基因和环境之间的相互作用是
"发育可塑性"的基础。

最近的发现表明，在我们的一生中，环境会使 DNA 本身的某
个结构和活性发生改变。这些过程我们随后会在书中详细描述，现
在只需说明的是，我们可以在 DNA 序列中的个别控制要点上改进
DNA 的化学结构，这对基因的启动和关闭有着巨大的影响。

通过改变基因的表达（是否表达、表达多少），而不是改变基
因，环境能够对 DNA 的化学组成、性质和反应产生影响，这些影
响可能是终生的。在生物学中，谈论基因和环境的相互作用已经成
为一种热点。而当我们仔细研究这个问题时，"基因和环境的相互
作用"这个术语就变得没有意义了（正如"先天和后天"）。因为环
境可能只是使部分基因发生改变，所以基因和环境的概念确实很难
界定。最重要的环境信号发生在发育初期，能够导致表观遗传的变

化。这是对我们的第一个暗示——创造出我们的个性是进化历史中重要的一部分。希望现在我们能够阐述清楚，为什么要把注意力放在更加全面的概念（如"发育"）上比一直争论"先天和后天"更有意义。

成功选择

除非你对某个特定基因的作用感兴趣，把整个生物体看作一个单元、一个与环境相互作用的物种才是有益的。正是这种"相互作用"决定了生物体的命运。

"表型或基因型是否由进化来选择"这一问题是 20 世纪进化生物学最具争议性的问题之一。起初，答案似乎很明显：为了选择表型，环境的影响起了作用，并构成了个体的性状，生存和繁殖是否成功也依赖于这些性状。而从另一方面来看，从一代传到下一代的不正是基因型吗？因为"选择"使有优势的性状从一代传到下一代。正是基因型中的小突变导致了生物表型的多样性，而多样性也是选择起作用的基础。这样我们又回到了另一个"先天和后天"、"基因和环境"的争论中。并且事实上辩论双方都是正确的。基因型突变导致一系列不同表型的产生，并由环境的强大影响对表型作出选择。在某种程度上，表型特征是以基因为基础的，表型是基因型的外化。20 世纪的半个多世纪以来，这是为大多数进化生物学家所接受的观点。

但是，一旦我们把发育这一因素考虑进去，上述观点就显得过于简单。很难理解，相同的受精卵如何发育成具有不同性状的成熟的个体。这在多大程度上由基因决定（"可程式化"）？环境的影响又在多大程度上改变了发育的轨道？对于这个问题人们始终争论不休。直到伟大的思想家伊凡·伊凡诺维茨·舒玛豪森（Ivan Ivanovich Schmalhausen，1884 ～ 1963，俄罗斯）和康拉德·瓦丁顿（Conrad Waddington，1905 ～ 1975，英国）提供了实践和理论基础，这个棘手的难题才得到解决。但是，他们的重要思想却被淹没在随后的基因知识大爆炸之中。由于基因组的革命，出现了各种各样的对基因早期发育阶段的看法。发生生物科学几乎把所有注意力都集中在两个问题上：基因是如何控制胚胎发展的各个方面；如何控制早期胚胎细胞分裂、分化，并最终形成具有 200 多种细胞（存在于不同器官和系统中）的生物体。人们认识的转变历经时日，从最初纯粹程序化的基因发展观点，到进化和环境相互作用的较为全面的进化观点。只是在近几年，人们才真正形成对进化、基因、发生生物学以及生态学关系的完整理解。

目前我们谈及表型时，仿佛它是被选择的某一特定的成熟的性状——在某种程度上这是正确的。棕色眼睛的表型从眼睛开始发育时起，便在人的一生中稳定下来。但是在许多情况下，选择不是对性状本身起作用，而是影响应对环境变化的能力（生物体的适应能力）。这也正是舒玛豪森和瓦丁顿的基本观点。近一些时期，其他研究发育可塑性的学者的观点也出自于此。举个例子，如果动物生活在一个变化不定的温暖环境中，选择会作用于它的适应能力，并应对一系列的环境温度变化。同样，人们不会选择只能提供固定温度的供热系统。一个 10 千瓦的加热器，在冬天可能不会散发足够的热量，而在夏天产生的热量又太多。人们会选择一个能够散发不同热量、甚至能形成一个感知外界温度的系统，根据环境状况调整散发的热量。

温血的动物（包括人类）不能应对炎热的气候，除非它们散发热量或与热量隔绝；也不能在寒冷的夜晚外出，除非它们能产生和保存热量。骆驼拥有比人类更多的机能，因而能更好地应对极热或极冷的天气，所以与裸体的人类相比，它们在白天能够忍受沙漠上的高温，晚上也能够忍受寒冷的天气。因此在骆驼进化的过程中，短期内适应各种温度环境的能力便是自然选择的结果。但是骆驼不能长时间地待在很冷的环境中——它只能在夜晚短暂的一段时间内抵御寒冷，但并不具备在寒冷中保存热量的能力。

自然选择对生物的适应能力产生影响，那么我们自然会想到另一个概念"舒适区"，即生物体能够适应并适于繁殖的环境范围。这个区域没有明显的界线，生物体距离它最适宜生活的环境越远，付出的代价可能就越大。在理想的区域中，生物体发展得最好。尽管生物体在边缘地带发展得没那么好，但仍要具备应对的能力。事实上，许多动物包括人类都曾暂时地挑战他们舒适区的极限，甚至有时跨越这个极限。它们冒着风险走出那个安全的界限，与其他动物展开竞争，去寻找配偶并繁殖，去探索或者躲避来自其他动物的威胁。但是长期来看，生活在"舒适区"之外也许意味着动物不能完全适应——在这样一种环境中生活需要付出一定的代价，而且适切性也许会大打折扣。因此，夏尔巴人能够在可能产生严重疾病的环境中生存，尽管许多人能够适应并在陡峭的山谷中幸存下来，却不幸患上甲状腺肿。而另一些人却不能够适应这样的生活，大脑出现了严重的发育障碍。综上所述，我们可以得出这样的结论：自然选择的作用是挑选出物种中已经遗传或者发展了恰当的适应能力，并能使它们的生活与居住环境更好地匹配的成员。

理论就说这么多，但是有没有办法使我们能够看到选择正在起作用，或者我们是否有办法能够直接对它进行测试？这些方法确实存在。盾鳞棘背蛇（tiger snake）是一种极其凶猛和危险的爬行动物，生活在澳大利亚及其近海岛屿。这种蛇的颚类似两个可以活动的颌，使它们能够整个吞下小的哺乳动物、蛋或者鸟。有些盾鳞棘背蛇的颚较大，另一些则较小，而且它们生活在澳大利亚的不同地区。多年来，有这样一个假设：它们是盾鳞棘背蛇的两种不同遗传品系，就像大卷毛狮子狗和小卷毛狮子狗。它们调控荷尔蒙分泌的基因表达不同，但属一个遗传品系。合乎逻辑的解释是，在基因上表现出差异的盾鳞棘背蛇种群，它们控制颚发育的基因表达存在差异。显然，不同大小的颚使蛇能够吃掉不同大小的捕获物。如果盾鳞棘背蛇所生活的环境中所有潜在猎物都是大型的，但是它们的颚较小，那么它们很快就会灭绝。在这种环境中，达尔文所说的自然选择会偏爱于长着较大颚的蛇，并且任何引起较大颚的基因突变都会被优先选择。也许事实正是如此，这也许就是为什么在猎物较大的地方只有大颚的盾鳞棘背蛇存在的原因。另一方面，如果盾鳞棘背蛇生活在猎物较小的地区，较大的颚又有什么用呢？生长发育需要能量和资源。长一个比实际需要还大的颚，既浪费了能量又浪费了资源。在这样的环境中，较小的颚更经济有效，引起小颚的突变也就更受青睐。

早期发育的重要作用

澳大利亚科学家最近所做的实验表明，颚的大小不仅由基因决定，而且还与早期环境的影响息息相关。如果给盾鳞棘背蛇种群中的小颚幼蛇大的食物，它们的颚会随着年龄的增长变大。所以在特定环境中的生存能力，不仅由基因决定而且还要受早期环境的影响。将来我们也许会找出决定颚的大小和发育速度的基因；或许我们还会发现由环境诱发的 DNA 结构上表观遗传的变化与此不无关系。换句话说，这意味着在身处猎物较大的环境中，有些蛇的颚会长得更大。在盾鳞棘背蛇生活的不同环境中，它会遇到各种大小的猎物。进化选择了可以根据生存环境的不同，具有更好地适应不同大小猎物能力的基因组。

以上论述无懈可击，但问题是这同样适用于人类吗？也许答案是肯定的。因为在人类的历史中也有相似的例子。"错位咬合"是由于下颌与上颌在形状和比例上不协调而产生的。这造成咀嚼上的困难，感觉上也不舒服。"错位咬合"在人类历史中出现较晚——直到 17 世纪后我们才发现这个现象。此后，我们还在基因上稳定的种群（没有被新来的移居者改变的种群）中发现了"错位咬合"的现象。这一发现说明，"错位咬合"的出现不仅仅是由于颌骨的基因突变引起。人们认为"错位咬合"的出现源自婴儿时期的饮食变化——从粗糙的大粒食物到现代典型的婴儿食品——匀浆膳食（blended diet）。因为在婴儿的生长发育时期，骨骼和肌肉具有可塑性，并能够使婴儿对作用于它们的机械力作出反应，所以如果咀嚼得越少，颌受到的压力和张力就越小，进而影响到它的发育，从而导致"错位咬合"的出现。其实，我们的颌骨更适合吃粗糙的食物，但现在我们不得不花钱去矫正牙齿。

发育可塑性

"可塑性"是生物学中的一个术语，用来说明外貌和结构上的灵活性。某些身体组织的可塑性贯穿生命始终。例如，人的一生中，很多肌肉的大小都能发生变化，这取决于肌肉锻炼的程度。肌肉的这种可塑性要归功于肌肉纤维。但身体的其他部位只有在发育的关键阶段才能得到改变。例如，心脏中肌肉纤维的数量早在胚胎发育时期就已确定，不会再改变。生命早期出现的塑性过程只存在于某些关键期，这就是我们所说的"发育可塑性"（developmental plasticity）。

发育可塑性是生物体发育过程中，通过调整性状来适应环境的一种重要机制（尤其当环境变化要持续很久时）。在某种程度上，发育可塑性通过部分地使用表观遗传手段，使生物体结构以不同的方式发育，并调整基因表达，以适应生物体在发育过程中感知到的环境。因此，同一物种中的个体表型特征不尽相同，尽管它们在基因上完全相同。这就是非遗传多型性（polyphenism）。这在昆虫发育过程中极为常见，如蜜蜂。关于蜜蜂的研究有很多，因此在这里我们有必要展开进一步的探讨。

蜜蜂有着非常严格的社会结构，蜂群中的成员都有各自的任务。工蜂和蜂后均分化于基因型相同的雌蜂。但是某一个个体要发育成哪种成年蜂取决于它们在幼虫时期是如何被喂养大的。如果把由保育工蜂的特殊腺体制造出的、有营养价值的蜂王浆喂给幼蜂，那么它成熟后就会成为一只蜂后。蜂后能够生育，但是它的口器发育并不完全，相对来说它的脑也较小。它也有大的毒液腺体，可向敌人（确实不是友好的个体）喷射毒液。蜂后既不干活，也不觅食。相比之下，如果把高蛋白的"虫食品"及某些花蜜和蜂蜜喂给幼蜂，那么它成熟后就会成为一只工蜂。工蜂幼虫能感知到由蜂后发出的不同强度的化学信号（信息素）。工蜂的后腿上有像篮子一样的结构（用来采集花粉）。它的钩形毒刺用来抵御捕食者和保卫蜂群。工蜂还有适合觅食的口器以及较大的脑部（蜂后的脑则较小）。但是，它们通常不能生育。工蜂能够飞很远的距离（据估计大约有 5 万英里），采集 150 多万朵花，才能够酿出一罐我们在早餐桌上食用的蜂蜜。它们能记住花的具体方位和其他的明显标志。当返回蜂群时，它们就会跳复杂的舞步，向其他工蜂发出信号，告知它们所去过的地方和发现的东西。这些是蜂群中不同类型的成年雌性蜜蜂——工蜂和蜂后之间存在着的显著差异。这种差异是由于同样的雌性表型接触到不同种类的营养和信息素所致。这些都是蜜蜂在它们所处的环境中生存所需的必要因素。因为这些差异，使得蜜蜂在发育过程中能够适应新情况，并能改善蜂后和工蜂的数量，以应对年复一年的环境变化。

　　另一些物种的发育可塑性可能没那么显著。但尽管如此，发育可塑性仍能调节表型，使其与生物所处的环境相匹配。与许多其他的两栖动物不同，锄足蟾生活在炎热、干燥的地区。它们在暂时形成的池塘里繁殖，用它们所特有的后脚挖地洞。这样就能够使它们在炎热的天气中存活下来，锄足蟾也因此而得名。在美国的亚利桑那州奇瓦瓦（Chihuahuan）沙漠中，同样的池塘里生活着两种锄足蟾。每种锄足蟾从受精卵到蝌蚪的进化方式取决于它们获得的营养量和营养种类，同样也取决于另一种锄足蟾蝌蚪当前的数量。随着蝌蚪的长大，它们的口器分化为适合食肉或杂食（有的蝌蚪吃蝌蚪，有的蝌蚪吃池塘里的残渣）。对其中的一种锄足蟾而言，尤其是在种群数量大的压力下，食肉蝌蚪（或变体）生存的概率要大于食残渣的蝌蚪。另一种锄足蟾的情况则正好相反。这使得它们都有一种非常有效的生存策略。如果食物少了，蝌蚪的数量又很多，那么这就是告诉它们要改变发育的信号。结果是在一种锄足蟾中，食肉蝌蚪的数量增长，食残渣的蝌蚪数量减少。反之则食残渣蝌蚪的数量增长，食肉的蝌蚪数量减少。就像儿歌中说到的杰克·斯伯爱特（Jack Spratt）和他的妻子，他只吃瘦肉，他的妻子只吃肥肉，两种锄足蟾形成了不同的策略以保证它们的蝌蚪得到食物。

同样有趣的是，因为在蝌蚪阶段环境对于发育的影响并没有中止，当池塘达到最佳条件，蝌蚪变成蟾蜍之前它们会发育得足够大，同时长出四肢和肺，而尾巴和腮则退化了。如果池塘中的食物供给不足（更糟糕的是池塘开始干涸），蝌蚪就必须尽早变成蟾蜍否则就会死去。在这种状况下，尽早变形是最好的适应策略，但是这通常需要付出代价。不确定的变形意味着离开池塘的蟾蜍会更小。与其他池塘的大的蟾蜍相比，它们在争夺食物和配偶权方面的竞争力就较弱。因为长得小，它们也更容易被鸟和蛇捕食。在发育到蝌蚪这一阶段中成功地战胜了恶劣的环境而生存下来的蝌蚪，现在作为成年蟾蜍需要面对的是更加艰苦的生活。这个例子要告诉我们的是，蟾蜍没有像蜜蜂一样改变身体的基本结构，而是在发育过程中对环境的信号作出了反应，这对它们的一生产生了影响。为了继续生存而付出的体形减小的代价影响着它们的生存和繁殖能力。这种妥协是生物对环境信号作出发育反应的一个共同特点。这是发育可塑性的一个例子。在人类中也有同样的情况。

因此，尽管所有生物的发育过程都与基因有着密切的联系，但生物的性状和生存策略并非完全取决于基因，而是生物体在发育过程中基因与环境的相互作用的结果。这些相互作用出现在生命早期，并影响着整个生物体在随后的生命进程中如何应对环境。这些观点对于当下生命历史理论和发生生物学的革命至关重要。早期环境的影响（即便是非常小的影响）会在后来被放大，这一点不足为奇。如果环境变化出现在胚胎时期，会对妊娠的结果以及生物体的余生都产生重要的影响，那么上面所说的也就尤为正确了。

自然选择到底选择了什么

选择的过程不仅包括完善的身体构造，还包括适应能力以及在发育过程中应对环境变化所展示出的灵活性或可塑性的能力。假如生物所处的环境是稳定的或以一种可以预见的方式变化（如季节变化），这些过程会试图使种群中的个体表型与环境达到良好匹配。因此，我们看到自然界中所有环境与那些栖息在这些环境中的生物体表型都匹配得很好。鸟类的喙是为它们进食而设计的最佳工具；蛎鹬有一个长而尖的喙，很适合在沙子中深挖；兀鹰（秃鹫）长着钝而坚韧的喙，很适合撕裂动物的尸体。加拉帕哥斯群岛有各种著名的雀科鸣禽物种和亚种。它们的喙形状各异，能够取食不同种类的坚果和种子。为了使取食更加容易或免受捕食者的袭击，其他生物体也已经进化了某些性状。例如，北极熊的白色皮毛使海豹很难看到它在向它们靠近；竹节虫的外表看起来像树枝，饥饿的鸟也很难发现它。

目前，我们对舒玛豪森和瓦丁顿提出的基本问题还没有考虑周全，同时我们（遗憾地说，甚至包括生物学家们）也忽略了选择明确的表型特征（以适应环境）和选择适应环境挑战的能力（进而导致表型的变化）之间存在的巨大差异。让我们再看一个例子，对这个问题作出进一步的解释。澳大利亚的兔子都来自同一品系。为了给早期来自不列颠的定居者提供食物，18 世纪晚期，这种兔子被引入到澳大利亚。现在它们遍布整个澳大利亚，成为令人讨厌的有害动物。澳大利亚北部的兔子比南部的耳朵更长。从适应性上来讲，这是合乎逻辑的，因为耳朵是兔子散热的主要方法，长耳朵的兔子更适应较热的气候。但是当带有长耳朵基因的兔子迁徙到北方，它们能否在那里生活得更好呢？难道不是这种对特性（给它们更大的适切性）的选择使得任何迁徙到北方的短耳兔走向灭亡的吗？还是说因为引进的兔子的基因大多不能够使它们在发育可塑性的过程中具有适应能力，而导致出生在更温暖的北方地区的兔子耳朵较长，出生在较寒冷的南方地区的兔子耳朵较短呢？盾鳞棘背蛇明确地为诱发表型差异的第二种形式提供了详尽例证，但是至于澳大利亚的兔子我们就不清楚了。在某种情况下，自然选择能在很短的时间内起作用，但是我们仍不十分清楚的是，选择的内容到底是固定的性状还是为适应环境而改变这种性状的能力。为弄清这个问题，我们需要把长耳兔带到南方去，把短耳兔带到北方。看看短耳兔后代的耳朵长度是否在短期或是几代后发生了变化，动物的后代出生时耳朵长度是否有所不同，或者能够根据生存环境发生变化。

特化物种和泛化物种（Specialist and generalist）

上面我们讨论过的例子显示了进化的力量，它能够使生物体与它们所处的环境相匹配。但是这些例子也突出了生物多样性的另一个特点。一种生物越适应环境，它的生活越受环境的限制。它们离开那个环境也许就不会生活得很好，因为它不能适应其他的生活环境。蟒蛇没有使它能够适应苔原生活的表型，寒贼鸥也不能在亚马逊河流域存活。许多生物进化的结果就是只能适应特殊的小生境。大熊猫只能在范围狭小的小生境中生存——即海拔 1 200 ～ 3 300 米之间的针叶林，那里有它们赖以生存但又十分稀少的竹子。我们只能推测使熊猫处于这样一种境地的选择过程，但这一过程无疑使它们的生存面临很大的威胁，因为竹子变得越来越稀少。与熊猫的情况相似的还有考拉，它们只生活在澳大利亚生长着蓝色桉树的地区。许多昆虫和无脊椎动物所能适应的环境范围在地域上来说也是很小的。这些就是特化物种的例子，对它们而言，环境与生物体是如此的匹配以至于它能繁荣发展的环境范围非常小。

我们可以这样来考虑这个问题：这些特化种在非常狭小的舒适区内生活（也就是说它能很好地调节以适应这一环境范围内的变化），生物的生理条件以及发生在这一环境中的彷徨变异（指在生物群体中某种性状的细小的、但是在数量上连续的变异）的程度和性质限定了这一舒适区域的范围。因此，舒适区域的最佳部分不仅是由环境，还是由物种的适应能力所决定的。物种当然能够应对环境中的细微变化，但是不可预见的巨变也许就是灾难性的。

但是有些生物能设法在较大范围的环境内存活。通常，我们会想到害虫。我们认为户外才是这些害虫生存的自然环境，但是显然它们更愿意与人类为伍，蟑螂、家鼠和田鼠都是我们熟悉的例子。无论在哪里，它们都是祸害。甚至狡猾的狐狸，在乡村过得很惬意。但是即使在许多大城市中，它们在夜间从垃圾箱里觅食，仍然生存得很好。显然，所有物种中最泛化的当属"智人"（homo sapiens）。人类的祖先设法以某种方式在安第斯山脉、死海附近、雨林和沙漠中生活。婴儿可能会出生在南极半岛、美国纽约的摩天大厦或是蒙古的圆顶帐篷——你能想出差别更大的环境吗？无论在哪里，对于婴儿和他的母亲而言，早已适应了。

目前为止，我们并没有阐明"环境"一词所包含的所有内容。环境不仅包括明显的自然环境（潮湿、干燥、炎热、寒冷、高纬度或低纬度、山地、平原等等），还包括更加广义的社会环境——可获得的食物种类、捕食者的类型和数量、与其他物种的竞争、种群密度、社会结构以及寻找配偶的能力、寄生虫带来的负担等等。所有这些因素以及其他许多环境因素都影响着生物的生长发育、健康状况和繁殖能力。

就像环境会变化一样，生物体调节并应对这种环境的彷徨变异的能力也在发生着改变。有时，周围的环境变化会超出了这一物种的适应能力。但是令人惊讶的是，另一个物种也许能很好地适应这样的极端情况。泛化物种（如人类）有适应或应对各种环境的能力，但是它们并不像特化物种那样，具备能在一个特殊的环境中生存的那些典型特征。对这两个词——在一种环境中"繁荣发展"（thriving）"生存"（surviving）或成功应对加以区分是很重要的。某种程度的妥协会影响我们的健康和繁殖性能。但一旦我们远离舒适区域的中心，就要作出某种妥协或是取舍。我们离舒适区域的中心越远，生理和应对环境导致的行为方面的改变就越大，直到发生质变。熊猫可以在英国伦敦的动物园里生活，但是却不如在中国的竹林中生活得那么好。让动物饲养员沮丧的是，这样的环境不利于大熊猫的繁殖（很可能对熊猫来说也是这样）。北极熊能在温带存活，但是也不能繁衍。有的作家当然能在喜马拉雅山 4 200 多米的高处工作，但是这种工作环境不能说是令人愉悦的。即使是夏尔巴人（喜马拉雅山区尼泊尔一个部族的成员）通常也不在海拔这么高的地方生活。在海拔超过 4 200 米的珠穆朗玛峰的山坡上，登山者早已气喘吁吁，筋疲力尽，抬头却看到衰羽鹤从他们的头顶优雅地飞过。它们是如何做到的呢？衰羽鹤适应它们所处的特殊环境。它们在进化过程中拥有了高效率的肺、适合飞行的肌肉以及使血液中能携带充足氧气的机制，这些都使得它们能够适应高海拔的环境。美国西南部的沙漠地区是更格芦小鼠（kangaroo rat）的故乡，这种啮齿动物以种子为食，善于用后腿跳跃，好似袋鼠一般，但实际上并非有袋目动物。更格芦小鼠非常适应在没有水的状况下生活，它甚至根本不需要水。正常的碳水化合物代谢就能产生二氧化碳和水，因此，更格芦小鼠能依靠自身新陈代谢产生的水生存（假如食物充足的话）。但人类不能在沙漠中生存，除非他们有足够的水源。因此，当我们能够成功地应对许多环境时，我们不能与某些非常特别的极端小生境相匹配。而其他一些特化物种则能在这种小生境中繁盛。

适 应

就像其他物种一样，对于人类来说，成功的生活同样意味着与环境的完美匹配，即生活在舒适区域。通常，人类通过改善自然环境来适应。但是，并非只有人类才会这样做。白蚁的护堤是经过精心设计的，无论堤外的温度变化多大，堤内的温度都是可以控制的。白蚁是空气调节装置方面的卓越工程师。水獭的巢穴也能很好地与外界隔离。这样，冬天巢穴里很温暖，还能抵御捕食者。但是，这意味着人类也能像这些物种一样很好地适应他们的生存环境吗？

为了回答这个问题，我们需要明确"适应"一词的含义。进化生物学家对这个词的使用很严格。他们所说的"适应"是指选择后的结果，这个结果使生物体的构造与它所在的环境相匹配。而心理学家也使用"适应"这个词，指非常短期的适应反应，例如我们体内环境的控制过程（术语叫体内平衡），我们通过出汗来使体内的热量散发出去，身体脱水时，排尿会相应减少并会感到口渴等等。当把这两种"适应"放到一起考虑时，适应就是指历经数代进化过程选择的结果。其中包括选择生命历史策略的遗传定子、成熟的表型、适应和保持体内平衡的能力以及发育可塑性的过程。这些因素都旨在以提高生物体与其所处环境的匹配程度。

绝大多数环境的变化都是无法预知的，或者在短期内超出了生物进化所能应付的范围。此时，生物体必须尽其所能应对变化，生物体具有的生理和心理机能可以帮助其最大限度的适应环境。因此生物体是否能够成功地生存下来，或多或少取决于环境的改变程度和它的适应能力。也许有时它不得不迁徙到与它更能匹配的环境中去。要弄明白人类对他们所处的环境的适应能力如何，我们需要逐一考虑这些策略。

在舒适区之外

人类拥有改善其自身行为和他们所处的环境的超凡能力，因而可以应对各种各样的环境。但是当我们离舒适区的中心越来越远时，潜在的损失就会增加。如果我们在发生滑雪事故后迷失深山中，又不能添加衣服，为了保暖我们就要一直活动。这就意味着我们要比保持不动时消耗更多的能量，更早地需要食物和水的补给。还有，可以挖一个雪洞躲避严寒。在晚上，这可能是最安全的办法，但是这意味着我们暂时无法回到安全的地方，救援人员或许也看不到我们。在这种状况下，很难计算出采取特殊的应对策略所带来的损失，而作出错误的选择也许会产生严重的后果。

有时，我们不能完全适应，而这也会带来一些损失。甲状腺肿是夏尔巴人为将甲状腺激素控制在正常水平而付出的代价。某些情况下，甲状腺肿给个体带来了相对来说较小的损失——只是脖子变大，而有时又会产生严重的后果——甲状腺激素水平过低和呆小病。我们的研究解释了为什么有些夏尔巴人不会受到甲状腺素不足的影响。甲状腺素（主要的甲状腺激素）由 1 个氨基酸和 4 个碘原子组成，即四碘甲状腺原氨酸（T4），T4 是甲状腺素在血液中循环的主要形式。但甲状腺激素的生物活性形式只含有 3 个碘原子，由四碘甲状腺原氨酸在周围组织中脱去一个碘原子而生成。但是我们发现在夏尔巴人体内，肿大的甲状腺分泌更多的三碘甲状腺原氨酸而非四碘甲状腺原氨酸。这意味着在碘摄入量固定的情况下，腺体能够分泌出更多具生物活性的三碘甲状腺原氨酸，并直接将其分泌到血液中去。对于某些个体来说，这样足以阻止甲状腺功能减退给身体带来的不良影响。这是身体内部尽力适应饮食中的碘缺乏的形式。

当人类从他们生活的祖籍地非洲热带草原逐渐向北迁居时，新的居住地的日照量较少，气候也更加寒冷。在狩猎以及后来的简单农作物的耕种、家畜的饲养方面，这个新的居住地，甚至是更往北的地区，要好于他们原来居住的地方。但这个环境也对他们提出了新的挑战。例如，日照时间减少（尤其是在冬天的那几个月里），皮肤中由于阳光照射而产生的维生素 D 也随之减少，阳光能够把我们从食物中摄取的一种前体分子转化成活性维生素 D。维生素 D 对于许多身体机能至关重要，尤其是在发育过程中骨骼的形成和钙的沉积。维生素 D 含量长期低下的人易患佝偻病，并伴随骨骼畸形。缺乏维生素 D 的中年人更易患骨质疏松症，甚至发生小意外也会骨折。因为在非洲全年的日照都很充足，这样的情况在那里并不是问题。黑色素可以保护我们免受阳光的有害影响，因此非洲人的祖先已经进化形成了黑色的皮肤。在向北迁居的过程中，我们皮肤颜色逐渐变浅，因为要过滤出少量的太阳光线，使维生素 D 达到最佳水平。为此，人类也付出了代价，皮肤颜色浅的人得皮肤癌的风险更大，甚至在欧洲的夏天，如果长时间暴露在阳光下，也会导致皮肤癌。在这里我们不需要更深入地探讨这个问题。但是以上所述说明，同许多其他动物一样，为了获得某种生存优势（如降低患皮肤癌的风险），人类有时也不得不放弃某些东西（例如，选择在一个更加寒冷的气候中生活）。这种妥协为我们理解人类老龄化问题提供了重要的方法。此后，我们仍会回到这个问题上来。

迁徙还是改变环境呢

如果环境变化使生物体离开了它们的舒适区，应对的方法之一就是改变环境。其中最显著的当属"迁徙"。说到"迁居"，我们通常会想到鸟类的迁徙。在随之而来的夏季，寒燕鸥一年要在南极、北极之间飞越3.5万千米。而哺乳动物也迁徙。驼背鲸从南印度洋迁徙到南极，在那里度过夏天，并捕食一种甲壳纲动物——南极磷虾。冬天它们向北游2 400千米，去交配或产仔。但是，有时物种所处环境的变化更细微、更缓慢。在美国新墨西哥州，因为气候变化，适宜西黄松生长的地理范围在发生着改变，这又影响着昆虫和鸟类的分布。对这些生态变化的研究是我们了解全球气候变化的主要手段。例如，有人认为不断上升的海水温度改变了浮游生物生存的环境，所以以这种浮游生物为食的姥鲨（basking shark）就会向北移动它的栖息地。

人类是出色的迁徙者。人类迁徙的主要原因是环境的变化，如拥挤和有限的食物供应被视为导致波利尼西亚人大迁徙的主要原因。冰河世纪末期，不断变化着的冰川使得6万年前～3万年前的智人（现代人的学名）和尼安得特尔人（旧石器时代的直立人）迁徙到欧洲各地。现代游牧部落的人（例如西撒哈拉和中撒哈拉的柏柏尔人）甚至也不断迁徙到能够为家畜提供食物的地方，这样他们才能在恶劣的环境中生存。

但是对于人类来说，适应环境的策略不只是迁徙。当我们不迁徙就能改变环境的时候，为什么还要到一个不同的地方去呢？火、衣服、房屋以及狩猎工具的发展都是原始人在技术上的进步。这些因素使他们能在更大范围的环境内生存并且蓬勃发展。没有这些技术上的进步，因纽特人就不能在北极地区生活。同样，其他物种也能在某种程度上改变并创建它们自己的生存环境。蜜蜂和白蚁在它们创建的巢穴中生存、繁育后代。有些白蚁甚至已经发展了一种原始的农业形式。它们中的蚜虫能够产生乳液，以此作为内部的食物供给。这些从身体结构到行为活动的适应使世界上不同的物种能够占据不同的小生境。

人类之所以是一种成功的泛化物种，在很大程度上是由于我们在技术创新方面的本领。这使我们即便是在迥然不同的、不断变化的环境中也能建造房屋并获得食物。尽管在相对较短的时间内，尤其是在过去的几百年里，由于殖民地过度地耕种，西非的荒漠草原已经从热带草原变成半沙漠地带，但人类一直生活在那里。人类控制环境的另一种形式是社会结构的变迁。由于发展农业需要在殖民地定居、发展专业技能以及与其他公社发展贸易，当农业被引进时，人类社会结构就发生了巨大的改变。

因此，为了能在更大的环境范围内生活，人类已经改变了他们的社会结构以及生活的其他方面。但是他们为这种创新能力付出过代价吗？最初的答案也许是这样：代价不大，因为人类不只是要在所处的环境中维持生存，他们所做的一切远远超过于此。在许多这样的环境中，他们已经发展得很好。我们毕竟是一种已经取得巨大成功的物种。但也许代价，即对于适应的报复也许是隐蔽的，这是本书第二部分的主题。

失　败

　　差强人意的匹配也许意味着这完全超出了个体在这种环境中的生存能力。如果它不能在这个环境中立足，不能移居到一个更加有利的环境，并且如果同物种中的其他成员也要面对同样问题，那么未来就很黯淡——它们将面临灭绝。化石资料对于维多利亚时期的地质学家来说是很大的鼓舞。达尔文（借助自然选择的）物种起源学说的形成也离不开化石资料的帮助。化石中包含了大量与物种灭绝相关的信息。说到物种灭绝，最著名的例子当数白垩纪终期（大约 6 500 万年前）恐龙的神秘消失。虽然我们并不清楚恐龙灭绝的真正原因，但是小行星与地球的撞击可能是最能令人信服的解释。达尔文和与他同时代的人认为（他们的这种观点源于伟大的地质学家莱尔（Lyell）的地质渐进论），冰川消融和地壳隆起逐渐导致了地表产生剧变，进而导致恐龙灭绝。达尔文甚至写了一本关于珊瑚礁的起源的书。他意识到地表的变化能将物种隔离开来，使它们生存在不同的环境中，这样自然选择就可以在不同的种群中发挥不同的作用，并最终导致物种分化，新的物种才可以不断地产生。

　　任何灭绝物种的例子，即使是小规模的（例如一个小无脊椎动物物种的消失），都可以看作它所处的环境对它的要求超过了那个物种的适应能力。有时环境变化也许很小，也许对于这种生物来说只是一系列的"倒霉事件"，例如它的天敌繁殖旺盛、竞争者控制了食物源、植物长势不好、食物不足、温度小幅下降等等。这些变化对某一物种的影响不亚于尤卡坦半岛上小行星撞击对恐龙的影响，这次撞击在很短的时间内改变了地球上很多地区的面貌。

那些研究化石和其他资料的人也已经详尽地研究了进化进行的速度和时机的选择，即一个物种的消失和另一个物种的出现。持突变论观点的人同持渐变论观点的人展开了激烈的争辩。前者认为进化是突然的、剧烈的过程，中间是长时间的平静时期，而后者却认为进化是一个逐渐的过程。我们不是要加入到这场辩论中去，但是我们不得不回到化石上去寻找灭绝的例子。渡渡鸟是一种大型的、体态丰满的、不会飞的鸟。它们生活在毛里求斯的很多岛屿上。直到 16 世纪葡萄牙人和荷兰人来到这个岛之后，这个岛才有人居住。渡渡鸟不害怕人类。事实上它们对人类很好奇。这些渡渡鸟很少躲避海员，最终它们被过度的猎捕以致灭绝了——海员们误把渡渡鸟的好奇心当做愚蠢，并用葡萄牙语中的"愚蠢"一词为它们命名。其他被引进的动物（例如狗）也加快了渡渡鸟的灭绝速度。在被发现仅 83 年后，渡渡鸟就灭绝了。最近，其他物种的灭绝也多与环境影响有关（根据世界环境保护组织的保守估计，在过去的 500 年中有 800 多个物种灭绝），即人类在世界各个角落的出现。人类的出现会引起栖息地环境的显著改变。此外，物种的灭绝也应归咎于我们对资源的过度开发、对有危害性的外来物种的引进，以及气候的变化等等因素。目前，生物灭绝的速度比从化石资料中估计出的"自然"灭绝速度大约要高出 1 000 倍。可以说，人类对其他物种产生的影响堪比导致 6 500 万年前恐龙灭绝的小行星撞击。

物种灭绝似乎只是我们进化历史的一部分。现在我们知道，6.5万年前从非洲移居的智人，使我们与欧洲的尼安得特尔人有了接触。尼安得特尔人也是由直立人（homo erectus）进化而来的，但是他们早就移居到了欧洲，并在那里繁盛。我们可以想象到这两个种群接触的后果，一方是在那个环境中已经牢固确立的尼安得特尔人，另一方是具有创新技能和能制造复杂工具的智人。据我们所知，这两种原始人不会（或者不能）异种交配。同进化历史中许多相似情节一样，对食物和庇护所的争夺最终导致了尼安得特尔人的灭绝。

很明显，对一个物种来说它的灭绝是生理适应的失败。但是，也许对一些特化物种来说，移居到另一个环境的小生境中去不是一个很好的选择。一个更有利的小生境也许已经被能很好适应它的物种或变体完全占领。特化性为特化物种带来了内在的危险或潜在的损失，因为这种特化性限制了它们移居到其他小生境的能力。在生活方式和时机的选择中，采取一种适应性方式，也许会排除后来对其他方式的选择。

我们在哪里

自从人类出现以来，我们的环境就在许多方面发生了变化。我们只能应对或适应环境吗？如果是这样，我们需要为此付出哪些代价？就像其他的生物体一样，当我们与所处的环境不再匹配时，如果我们不想灭绝，就必须适应或者付出代价去应对环境。患有甲状腺肿的夏尔巴妇女就是一个例子，她们虽然能够生育，但不幸的是新生儿经常是呆小病患者，她们只能应对由环境引起的神经方面的缺陷。非洲冈比亚的马林克人不得不尽力去适应那里极端分明的雨旱两季，一年中有几个月非常潮湿，这会引发饥荒，而只有一段时期适合农业生产。显然，在饥饿的季节中，疾病的发病率比收获的季节要高。冈比亚怀孕的妇女在饥饿的季节中生的小孩体形较小，婴儿的发病率和死亡率更高，许多婴儿没有活到成年便夭折。

因此，和其他物种一样，进化使人类拥有适应某种环境的体质，但是真实生存的环境往往与他们的舒适区相差甚远，因而付出代价是必不可免的。在很多情况下，这种代价就是疾病。与所处环境的错位就是很多疾病产生的主要原因。过后，我们会在本书中再次谈及这个问题。令人遗憾的是，每天人类都要为生理状态与居住环境不匹配而付出代价（包括一部分人为的代价），无论是在发达国家还是发展中国家都是如此。

第二章

我们从哪里来

在英国苏塞克斯郡东部丘陵草原中的酒馆里闲逛，总是令人感到非常愉悦。在这里你会受到热情的欢迎，同时还可以放松心情，畅饮啤酒，与当地人交谈。我们曾经遇到过一个坐在炉火旁的老农民，爱犬就伏在他的脚边打盹。像与其他的陌生人初次见面一样，我们先谈论天气（这是我们的习俗，与陌生人会面，首先要谈论天气这个话题），然后话题自然就转到职业和到这里的原因上来。那个农民回答说："我为什么到这里来？是因为我家就在这个村子。这条路上其他的酒馆很吵，酒也很糟糕。"这虽然不是我们所期待的答案，但是这样的回答足以使我们的谈话能够进行下去。同样，他的回答也可能是这样："你是什么意思？我为什么到这里来？我生在这里，长在这里，很可能也会死在这里。我为什么要去别的地方呢？"他也可能这样回答："啊，你看，我的祖先跟随诺曼底人来到这里，所以近千年来我的家人一直生活在这个地区。"

那个农民对问题的3次作答都无可挑剔，但是不同的回答有不同的内涵。说到他的祖先，他提到一段和那些人有关的长期历史以及导致他目前生活的事件。说到他在村子里长大，他指的是他本人的个人历史。而他对那条路上的其他酒馆所做的评论是解释他出现在这个酒馆的原因，即他对短时间内的环境作出的选择。

遗 传

　　苏塞克斯郡酒馆中的经历告诉我们，我们能从截然不同的时间角度来看待自己。38 亿年前，我们的 DNA 在某种原始的化学混合物中孕育产生，并自此开始复制，生生不息，代代相传，地球上的生灵也皆由此产生。复制 DNA 的能力是生命连续统一体的起点。进化的力量控制着复制中的 DNA 所包含的信息，决定着数以百万计的植物、藻类、无脊椎和有脊椎动物的繁衍与灭绝。大约 2.5 亿年前第一只哺乳动物出现，大约 700 万年前～ 600 万年前首个原始人开始行走在地球上。大约 15 万年前，原始人中的某一支进化为古代的智人。大约 6.5 万年前，一些智人走出非洲，迁徙到其他地区。大约 1 万年前～ 5 000 年前，我们的祖先开始定居并从事农业生产。但是我们的祖父母仅仅出生在 150 年前～ 60 年前（这取决于我们的年龄），而我们的父母也仅仅出生在 100 年前～ 35 年前，我们的母亲卵巢成熟后，孕育我们生命的卵子也开始生成了。

　　因此，根据我们看问题的角度，我们可以把自己视为带着差不多 40 亿年遗传特征或仅仅几十年遗传特征的人。我们继承的不仅仅是经过 38 亿年进化而来的正在复制的 DNA（最终成为我们的基因），还有来自我们的父母、祖父母以及我们所处社会的其他遗传形式，还有那些与基因无直接关系的因素。

　　问题又来了，在生物学中我们所说的"遗传"指的是什么呢？一个模糊的定义是：遗传就是继承家族的特点。一个很严格的定义是：遗传是把父母一方的基因信息传递给子代（确切地说，不包括上面提到的其他遗传形式）。长期以来，基因学家对家族性或群发性疾病很感兴趣。通过对这些疾病的研究，他们希望找到这些疾病的基因基础。成人隐匿性自身免疫糖尿病（adult onset diabetes）有家族遗传倾向，但并不绝对。在很罕见的情况下，肥胖症和糖尿病可完全由基因引起，但相对而言，肥胖症的基因基础更加脆弱。实际上，绝大多数肥胖症和糖尿病的形成是多种因素共同作用的结果，有些可能是遗传的，但与纯基因导致的方式不同。一个家庭的饮食习惯和运动习惯通常很相似，这一环境因素是促成肥胖症或糖尿病出现的原因之一。一般情况下，遗传和环境相互作用，共同导致某种疾病的产生。如果具有遗传易感性（genetic predisposition）的人摄入过多的卡路里，又缺乏锻炼，就很可能患上糖尿病。

因此，有时家族性疾病可能既有基因基础又有非基因基础，或者根本与基因毫无关系。乌克兰北部城市切尔诺贝利附近的几代居民易患各种癌症，但这不一定就能表明他们有共同的遗传基因，原因很可能是他们经常暴露在有辐射的环境中。但是，环境对个体的影响会通过基因遗传给下一代。切尔诺贝利的核电站发出的核辐射可能会引起当地某些男性精子 DNA 产生突变，因而对下一代产生影响。

可见，环境的影响可在代与代之间遗传，但有时表现得并不十分明显。埃塞俄比亚阿法尔高地（Afar highlands）的人们世世代代都生活在非常贫困的环境中。假如离开这片地区，比如说空运到一个发展较好的环境中去，他们在生理上仍保留着对原环境的某种记忆。我们之所以能够发现这种状况，是因为他们患糖尿病的可能性增大了，因为迅速的营养过度使他们不能马上适应从贫瘠到富饶的环境。会得糖尿病不仅仅是因为他们有患糖尿病的基因——这不可能那么简单，因为当他们在埃塞俄比亚高地生活的时候，患糖尿病的可能性很低。早期的环境（而不是营养的缺乏）影响着他们体内基因的作用方式，并且这种影响有时可能会遗传给下一代。我们将这种现象称之为"表观遗传"，这也是现代生物学最令人好奇的现象之一。虽然表观遗传现象颇具争议，发展中又与政治有着千丝万缕的关系，但我们认为在生物学中，表观遗传革命与基因组的革命（以人类基因组排序为代表）同等重要。可以说，前者对人类医学有着更加深远的启示。

遗传的另一种形式与基因没有任何关系，而是纯文化性的。许多家族性行为具有可遗传性。例如，我们中的一个人的儿子有一个怪癖，他嚼一点报纸，然后吐纸球，弄得屋子里都是。他已故的祖父也有同样的习惯。这是某一基因导致的，还是仅仅是这个男孩对他祖父的模仿？目前，有多少肥胖症是源于父母为子女安排的饮食和活动（也就是缺乏锻炼）呢？这种非基因的遗传疾病与我们对某种运动、宗教信仰及政治观点的喜好有些相似之处，因为我们的父母对其有着或是积极或是消极的影响。几乎没有人会认为某些人对板球、耆那教（印度禁欲宗教）或法西斯主义的选择源自基因（我们应该庆幸基因与法西斯主义的形成毫无关系）。

最近50年，尤其是过去的10年，医学研究的焦点大多集中在对疾病基因基础的探索上，因为人们相信多数疾病与基因有关。但是世界上没有什么事情是泾渭分明的，人类许多健康和疾病问题都与文化、发育和表观遗传息息相关，并且其中的一些影响肯定都是遗传下来的。长期以来基因中心主义观点支配着医学界，对此我们深表担忧。因为持基因中心主义观点的人会低估环境和发育这两个重要因素的作用。人类基因组序列的成功无疑是技术上的巨大成就，它点燃了新生物学的知识大爆炸。当然，它也吸收了大量的研究资助。但人类基因组序列的成功并不能解决一切问题，事实上还差得很远。

在这章中，我们将着眼于不同发展阶段的各种遗传类型，并探讨其形成的过程。

进化是如何起作用的

人们从达尔文《物种的起源》一书中所得的结论使威尔伯福斯主教（Wilberforce）大为震惊，这本书提出，我们人类是从猿进化而来的。在牛津，主教和托马斯·赫胥黎（Thomas Huxley）展开了一场关于进化理论的著名辩论，影响深远。1925年，在美国的田纳西州，一位年轻教师约翰·托马斯·斯科普斯（John Thomas Scopes）因为使用提到了进化的教科书而受到审判；2005年，美国宾夕法尼亚州（Pennsylvania）多佛学区委员会案中，因学校把"智慧设计"（Intelligent Design）作为一项科学理论来教授而被起诉。事实上，威尔伯福斯主教忽略了一点：我们不是猿的后代，我们和猿、大鼠、小鼠、鲨鱼、蟾蜍、蟑螂、蚊子、海参以及蚯蚓一样拥有共同的祖先——即某个原始的单细胞生物体。在那以前，它的祖先从甚至更原始的生物体中进化而来。这些生物体都具有复制的能力，但是可能不具备DNA。人类现在仍无法确定是否可以从DNA（脱氧核糖核酸）和RNA（核糖核酸）复制的角度定义生命的最终起源。与宇宙起源的宇宙哲学问题一样，这一问题是不能被回答的科学难题中的一个——也许答案永远无法企及。

但是，如果我们自己把这个问题简单化，即把首次复制的DNA作为我们不间断的遗传过程的开始，那么基因就是遗传的基本单位，进化就是决定遗传特征的过程。进化帮助生物选择那些在当前环境中提高繁殖性能的基因，丢弃那些不能提高繁殖性能的基因。

进化的关键在于变异，变异使一些生物体成功繁殖的可能性更大（即，把它们的基因遗传给下一代）。因此，达尔文进化论的3个基本原则是变异、选择和遗传。

选择的两种形式既相互区别又相互联系。当基因控制的性状使个体在某一特定环境中具备生存优势时，自然选择就发生了。换句话说，当个体与环境匹配得很好，它就很可能成功繁殖，并把这些基因遗传给它的后代；反之则不然。由于这一过程的持续进行，种群中的基因池改变了。从遗传学的角度来看，这一过程十分漫长，但不一定总是如此。自然选择的过程缓慢时，一方面是由于除了基因还有一些情况影响着所要选择的性状，另一方面也是由于很多性状是由多个基因控制的。例如，动物颚的形状与100多个基因有关。

虽然人类基因组中有不到2.5万个基因，但是人体基因的作用方式更加复杂，这种复杂性部分源自人体基因复杂且相互作用的网状体系。在这个复杂的体系中，许多基因产物相互作用，创造出某一性状（例如颚的形状）。这一复杂性还源自调节装置的复杂性。这种调节装置控制基因的开关，或者在不同状况下调整它们的活动水平。此外，这种复杂性又是由于基因能够生产出不同的蛋白质所致。这些蛋白质有的来自DNA，有的来自复杂的基因表达过程。基因表达的关键是如何调节（或转录）。性状也是通过调控其他基因活动的基因表达而产生的。这有点像管风琴的音栓，通过不同组合影响键盘和踏板发出的声音。因此，基因突变在某种程度决定了选择所影响的部分，但其他因素在创造某一特征的变异方面同等重要，甚至是更加重要，在这种情况下，发育和环境的影响不容忽视。

如果南美大草原的阿拉伯胶树很高，那么带有更长脖子基因的长颈鹿将肯定会被选择。因为这些长颈鹿能吃得更好、更加健康并且更容易繁殖成功，而那些脖子较短的长颈鹿则更容易出现营养不良或患上致命疾病。这就是对起作用的自然选择的经典描述，在这个例子中就是选择更长脖子的长颈鹿。值得注意的是，这里自然选择的作用范围只局限于长颈鹿的脖子，因为更长的脖子使得它在所处的环境中具有优势。俄卡皮鹿在动物种系上与长颈鹿非常接近。但俄卡皮鹿的脖子很短，因为它们以低矮的灌木叶和草为食，所以树叶的高度对他们而言并不是问题。我们之所以用长颈鹿为例来说明自然选择的作用，是因为这样的例子在历史上也经常被提起。达尔文曾提到过这个例子，有人怀疑这是因为早期的进化论者，如拉马克（Lamarck）也曾经写到过这个例子。

让-巴蒂斯特·拉马克（Jean-Baptiste de Monet, Chevalier de Lamarck，1744～1829）生活在18世纪末法国大革命时期，他是一位知识渊博的植物学家、分类学家以及见解独到的思想家。遗憾的是，他的思想经常被错误地引用。事实上，与他有关的大多数思想都不是他本人的。在那时，他的创新思想不被认可，尤其不被他的反对者认可。最终，可怜的拉马克名声扫地，默默地离开了人世。他的想法经常被过度简化为长颈鹿为了吃到位于高处的多汁的树叶，而经历了一段伸长脖子的过程。这种特征会遗传给下一代。下一代的脖子也更长。如果下一代再伸长脖子，它们同样会遗传给下一代的后代。这个概念被称为"获得性状的遗传"（the inheritance of acquired characteristics）。这个理论虽没有任何科学依据，但是，拉马克却是首先试图从遗传角度解释物种相似性和差异性的人之一。当获得性状没被遗传时，有相当多的证据能够证明环境因素也会影响性状，并能把有关环境的信息传给下一代。拉马克的观点中包含了一个重要的科学思想，即环境记忆可能在几代之间遗传——当然现在我们知道遗传的方式与当初拉马克所说的并不相同。不幸的是，拉马克的这种观点被命名为"新拉马克主义"（neo-Lamarckian），显然带有贬义。

在我们结束长颈鹿这个例子之前，有一点值得我们注意：最近的研究表明，动物长脖子的基础也许源自一种不同的选择形式——性选择。就像许多雄性物种一样，雄性长颈鹿不得不去竞争以获得交配权。它们之间的打斗被形象地称为"棒击"（clubbing）。在这一过程中，雄性长颈鹿像抡棍棒一样冲着对方摆动它们的头，长脖子使长颈鹿的头像长把斧柄一端的锤头，非常危险，有时这些打斗甚至会使它们丧命。显然，较长脖子的长颈鹿的"棍棒"更具杀伤力，很可能在这场争夺最高权力的战斗中获胜或者受到雌性长颈鹿的青睐，从而进行交配。

性选择是达尔文另一本重要著作《人类的由来及性选择》（*The Descent of Man and Selection in Relation to Sex*，1871）一书的主题。这本书一直被笼罩在《论借助自然选择的物种起源》（*On the Origin of Species by Means of Natural Selection*，1859）的巨大光环之下，因而经常被人们所忽略。《物种起源》一书的重要性在于，书中的很多观点构成了当下人们对进化认识的基础。在《人类的由来及性选择》一书中，达尔文提出性选择与自然选择同等重要，前者也决定了有优势的性状更可能被遗传给下一代。但是，是否被遗传还取决于生物自身是否能够吸引异性或是更有权威的成员，进而增加交配成功的概率。

在大多数物种中，并不是每一个雄性都有同样的繁殖机会，这与雌性的情况不同。有些物种（如长颈鹿）中，能交配的雄性统治其他不能交配的雄性，因此那些确立了统治地位的雄性具备的性状被一代、一代地放大。达尔文长时间以来都在考虑这个问题——这种情况为什么只发生在雄性身上呢？当时的达尔文并不知道，染色体和荷尔蒙决定性别的形成。对哺乳动物而言，染色体和荷尔蒙使 Y 染色体上的基因促进睾丸的形成和睾丸激素的分泌，进而使雄性发育出与雌性不同的特征。一个很好的例子就是健壮的雄赤鹿的鹿角（它们不长在后面），处在发情期的雄鹿用鹿角进行竞争以取得交配权。这种选择也决定了许多物种不同性别在体形方面存在差异——雄性的体形更大，以便在争夺交配权的战斗中取胜。在某些物种中（如华脐鱼和海豹），雌性和雄性的体形差异可能更大。因为雄性和雌性生命进程策略的不同，他们可能还会为有限的资源展开竞争，所以这种体形差异也许也能体现出与两性竞争有关的选择过程的结果。

但是在某些物种中，交配的成功并非由雄性的暴力决定，而是源自雌性作出的积极选择。雌性的选择可能不是以雄性的力量表现为依据，而是基于雌性对雄性外表的判断。在这个讨论中，不得不提到神、人同形同性论。雌性是根据某个美学基础对选的配偶作出选择吗？例如，也许是根据雄性的颜色。正如在许多鸟类（如雄野鸭）或者鱼类（如古比，guppy）中，雄性身体两侧彩虹色的大斑点会强烈地吸引雌性。也许吸引雌性的不一定是雄性的体貌特征，有时可能是某些行为活动（例如有很多冠毛的雄性鸟跳舞），如营巢鸟建造的巢穴中的许多有颜色的物体，或者能够影响雌性选择的雄性金丝雀的歌声。相关杂志的调查似乎经常作出这样的结论：在选择配偶时，女性最重视的特质之一是男性的幽默感。

雌性可能也会把雄性的外表看作评判其是否具有某些特征的标志，并将其当做是赋予它自己或后代的"财富"。最有名的例子当属孔雀尾巴的长度。雄孔雀的尾巴越长，越能吸引雌性孔雀。人们相信这是性选择的结果，而这同样可以看作帮助雌孔雀辨别强壮的雄孔雀的方法，因为只有强壮的雄孔雀才能够有体力抬起如此沉重的尾巴到处走动，这样的雄孔雀看起来也更可能繁殖强壮的后代。

另一个性选择走向极端的经典例子是爱尔兰麋鹿（irish elk）。这种不寻常的动物既不是爱尔兰特有的也不是麋鹿——它生活在欧亚大陆，是已知的最大的鹿。站立时，地面到肩膀的高度是两米，鹿角长 3.5 米。大约 1 万年前，从冰河时代末期之后这一物种便消失了，灭绝的原因尚不明确。但是那个时期不断增长的人口对它的大量捕食很可能是促使其灭绝的主要原因。在植被生长迅速的环境中，长着巨大鹿角的麋鹿逃避狩猎者十分困难。麋鹿鹿角虽然看起来令人叹为观止，但是大多数情况下很可能只是被用作求偶的工具，以表现出它的力量，而不是被当做武器来使用。因而性选择在此的影响只是进一步增大了鹿角的尺寸。

雄性和雌性性状也许都会受到选择的影响，这取决于雄性选择雌性以及雌性选择它的配偶的程度。灵长类动物中存在着多种社会结构，从"一夫多妻"的狮尾狒狒，到使加利福尼亚州的浪荡公子都会感到羞耻的黑猩猩"共享配偶"的群体。这些差异都在性选择的特征中体现了出来。与种群中不占支配地位的雄狮尾狒狒相比，占支配地位的雄狮尾狒狒体形更大。雌性南非大狒狒的红色会阴是性接受的一个信号，这很可能是已经被性选择的性状。同样，同其他灵长目类动物相比，黑猩猩的阴茎和睾丸相对于他们的体形而言，显得十分巨大。

达尔文在《人类的由来》(*The Descent of Man*)一书中说道，人类的很多性状可能已经通过性选择得到了发展。大概隆起的女性乳房就是一种被选择的性状；遍布人类全身的毛发的脱落使我们区别于我们的灵长类远亲，这通常被认为是另一种被选择的性状。而在所有人类种群中，男性和女性的平均身高有所差异，这同动物界配偶体系十分相似，即雄性为获得雌性而展开竞争。也许，在旧石器时代的氏族中占支配地位的男性在交配机会上有优先权。我们可以从更近一些时期出现的所谓"初夜权"(droit de seigneur)以及在不远的过去一些有权势的人妻妾成群的家庭结构中，看到这一特点在人类社会中的存在。

与生俱来的基因

孩子出生后，如果母亲没有从超声波扫描得知孩子的性别，实际上每个母亲问的第一个问题都是"我的孩子是男孩还是女孩"？不幸的是，在很多社会中，对这个问题的回答对孩子有着许多暗示，这已经远远超出了类似孩子的第一套衣服是什么颜色等诸如此类的问题。这些暗示可能包括：杀婴的习俗或者被分配到社会的较低地位，在营养上以及在儿童时期和青春期教育投入上的减少。

但是，对于母亲提出的这个问题，我们并不总是能作出确切地回答。因为有时婴儿的生殖器不是很清楚，医生不能确定孩子的性别。经过检查，医生可能会发现类似阴茎的结构——或许是增大的阴蒂；或许是未发育完全的阴茎，而阴茎的泌尿口错位；或许是未完全闭合的阴囊或者部分闭并的阴唇。显然，婴儿的生殖器官发育异常，但是到底它的性别应该是男性还是女性呢？它或者是一个带有过多男性荷尔蒙睾丸激素染色体的女性，或者是一个带有异常男性荷尔蒙睾丸激素染色体的男性。

当这种情况发生时，父母自然会想了解更多：我的孩子是如何变成这样的，是因为在怀孕期间发生的某件事情才这样的吗，这是遗传的吗？现在，我们已经知道正常情况下性别决定机制是如何被激活的以及如何形成男性或女性的性器官。男性（阴茎和阴囊）和女性（阴唇和阴蒂）的生殖器源自同样的胚胎前体细胞。哺乳动物中，胎儿睾丸激素的作用使它从"默认的女性型"转变为"男性型"。因此，发育中的激素问题能够导致生殖器的不完整。

多米尼加共和国是伊斯帕尼奥拉岛的一部分。它是在 1492 年所谓的"发现新大陆"之后，首批被西班牙占为殖民地的加勒比岛中的一个。在这里我们发现了一种最不同寻常的两性畸形（intersex）。这里的一个家族中，孩子们出生时生殖器很模糊。出生时她们被认定为女性，但是在青春期，这些孩子显示出了明显的"阴蒂"发育，外表看起来非常类似男性的阴茎，同时男性阴毛、胡须和鬓毛也长出来了。连续几代，这个家族中都出现了这样的孩子。他们的命运和身份都得到了充分的理解，那个社会甚至也接受了这些孩子。这些孩子们在青春期前后扮演着不同的角色，并且着装也会随之变化，直到自发的性别变化出现。之所以会出现两性畸形，是因为男性胎儿的基因产生突变，无法产生足够的活性睾丸激素，因而无法形成正常的男性生殖器。尽管如此，青春期睾丸激素的大量增加仍可以使其进一步获得男性第二性征。显然，两性畸形对雄性基因尤其重要。因为两性畸形是隐性基因遗传。也就是说，异常基因一定是分别来自母亲和父亲，因为隐性基因只在相同基因共同组对时才表现性状。在偏远地区，近亲结婚十分常见，因而两性畸形在这些地区出现的可能性更高。

其他一些罕见的疾病可能与显性基因（dominant gene）有关。显性基因仅仅遗传异常基因的一个副本。例如，亨廷顿舞蹈症（Huntington's disease）通常出现在中年时期。它是最不幸的疾病之一，患者三四十岁之前一直非常正常，但不久之后他们就逐渐变得完全精神错乱。亨廷顿舞蹈症的患者通常过早地死去，但也许已经把基因传给了他们的孩子（只要父母中任何一方携带那种异常基因）。研究人员发现，亨廷顿舞蹈症是由于编译大脑蛋白质的基因出现异常所致，这个基因被称为亨廷顿。患者的细胞错误地制造一种名为"亨廷顿蛋白质"的有害物质。这些异常蛋白质积聚成块，损坏部分脑细胞。但是，目前尚无有效的治疗方法。然而人们对亨廷顿舞蹈病相关基因的了解帮助测试那些处于危险中的人们（甚至在他们出生以前就能辨别出来），还能帮助人们作决定——是否要孩子或者终止妊娠。

但是，仅仅由一种基因缺陷引起的疾病十分罕见。通常来说，所有重要的身体机能都是由非常复杂的基因网络调控的。这是因为很多基因不是要简单地打开或关闭，而是在调控下部分地关闭，或者只是在特殊状况下打开或关闭。每种身体机能就像音响工程师的混音设备，但包含更多的均衡器和音色控制功能。人体将根据环境设定这些控制装置，以发挥更好的身体机能。这好比音响工程师会根据乐队在体育场内还是在酒吧里演奏来改变混频器的设置。但是就像音响工程师一样，我们只能在我们的系统范围内对内部控制装置进行调整。

构成每个基因的 DNA 序列都可能出现小突变（或叫多态性）。虽然突变后的基因在基本功能上保持不变，但这种突变仍会导致调控方式或者基因功能的细微变化，并且这种细微的改变能使表型发生剧变。正如所有的小提琴看起来基本上都很像并且功能也相同一样，但是由于使用的材料以及小提琴的制作方式上的细微区别，斯特拉迪瓦里（Stradivarius）制作的小提琴的音质和一个用来教学的标准的乐器差异很大。

在饲养动物和种植植物方面，人们已经开始利用这种内在的基因突变，选择性的种植小麦的品种以增加产量，或是饲养个头和力量适合拉犁的马。尤其在18世纪和19世纪，利用这种方法，人们饲养了各式各样演出用的鸽子。查尔斯·达尔文对这段历史和人工选择的成功非常关注。他花了大量的时间去研究动植物的驯养以及鸽子饲养行家的诀窍。他在《物种的起源》一书的前几个章节中详细说明了他的研究，并以此作为对自然选择这个新概念的介绍。他还在肯特郡道恩村自家的花园里做蔬菜实验。当时，基因这个概念还没有被阐明，人们也不知道遗传的分子基础。当时的达尔文并不具备这些知识，但却作出了这么重要的发现，这说明他的洞察力是多么的不同寻常。

捷克斯洛伐克布尔诺的修道士格雷戈·孟德尔曾经是一名教师。达尔文并不知道孟德尔已经做了重要实验来研究生物的遗传性状，并于1865年发表了相关文章。孟德尔在修道院花园里进行了豌豆杂交，他发现，具有不同性状（绿色或黄色的子叶、圆形或有褶皱的种子）的豌豆杂交后可以产生各种各样的后代。孟德尔用计算的方法来解释他的发现，他认为某些性状比其他性状具有优势，但性状的遗传是彼此分离、各不干扰的。他的研究使我们知道，为什么人类的某些疾病是显性遗传（例如亨廷顿舞蹈病），而另一些则是隐性遗传（例如伊斯帕尼奥拉岛上出现的两性畸形）。遗传机制可能要更复杂些，尤其是很多性状并不是由单个基因控制，并且影响基因表达的因素多种多样。但幸运的是，孟德尔的研究并没有受到类似问题的干扰。孟德尔使用最简单的方法作出了重大的发现。这些重大发现经受住了时间的考验，并为基因组遗传研究奠定了基础。

20 世纪初，孟德尔的研究成果终于得到了人们的肯定和重视。人们意识到，自然选择的过程与现代遗传学的观点是相一致的，现代遗传学也被称为现代综合论（modern synthesis）或新达尔文主义。令人惊讶的是，所有这些都发生在基因的物理结构被弄清楚之前。直到 1950 年，人们才知道基因位于 DNA 染色体上。此外，对生殖细胞（精子和卵子）核中 DNA 的研究表明：细胞分裂时，DNA 会被复制。当生殖细胞形成时，遗传信息（染色质，chromatin）被分为两个等分。当精子和卵子在受精过程中结合时，遗传信息被全部补足，并出现在其他体细胞中。受精卵因而可以继续分裂，开始了发育的过程。

我们发现对基因了解得越多，基因对生命许多方面的解释力就越强大。1953 年，作为遗传分子基础的 DNA 的结构被确立。到 20 世纪末，人类基因组工程成功绘制了首个人类基因组草图。其他物种的基因组图（从疟原虫到奶牛）也随之快速地绘制完成。可以理解的是，随着我们对基因知识了解的深入，基因中心论不可避免地出现了。固然，基因在我们生物学知识不断增长的过程中举足轻重，但对基因的过分关注也带来一些不利影响。其一，这使许多科学团体失去了对诸如环境和非基因组遗传相关观点的兴趣。其二，基因中心论的观点使在一个种群中对合乎要求的基因进行积极的人工选择，而淘汰掉那些不利的基因成为可能。现代遗传学的研究对优生运动（eugenics movement）是一种莫大的支持。人们深知这种观点将会产生什么样的后果。现在，人们已经开始对这些观点的应用表示出了担忧，其中包括从基因改良作物的发展到设计婴儿（即人工培育良种婴儿）。

基因沉默

染色体中并非所有的 DNA 都参与基因或者基因调控部分的编译，因为有些 DNA 是突变或被复制的 DNA，不具备能被激活的必要序列。这些所谓的多余物质被不恰当地命名为"垃圾"DNA。但是，"垃圾"DNA 能反映出我们进化历史的另一个部分——与病毒的接触。病毒由 DNA 和蛋白质外壳或 RNA 和蛋白质外壳组成。病毒不能复制它们自身的 DNA 或 RNA，也无法制造蛋白质，而是侵入到一个细胞内，借用细胞的复制机器来完成。在这个过程中，病毒有时可能会融入寄主（host）的基因组中。由于细胞已经形成了关闭这些病毒基因活动的能力，所以这些病毒的残存部分不会再引起疾病。但是，病毒并没有消失，而是依然存在着，记录着我们进化历史中各个阶段的病毒感染史。也许，这其中还包括许多存在于原始人类形成前的物种中的病毒，只是现在不再对人类有任何威胁，因而也被人类所遗忘了。

旧的病毒基因虽然已经融入细胞的基因组中，但细胞有可以关掉这些病毒基因的开关。"表观遗传调控"（epigenetic regulation）的过程（这些过程对发育来说非常关键）也使用同一种开关来控制其他基因。这些开关的常见形式是通过在 DNA 序列的特殊位置上添加一个甲基（3 个氢原子和 1 个碳原子，—CH$_3$）对 DNA 进行化学修饰。如果甲基化发生在邻近基因主要部分的控制区域内，那么甲基化的基因则不能被激活。这里我们要注意的是甲基化并没有改变 DNA 的序列，只是改变了"读取"它的方式。甲基化作用的发生就如同用白色涂料去遮盖在墙上胡乱书写的一个单词一样——它使细胞的 DNA 读取机器无法读取基因。这种基因修饰被称为"表观遗传效应"（epigenetic effects）。

　　虽然大多数基因都有两个副本，但对于某些基因来说，我们只想开启一个副本。两个都很活跃的副本意味着会产生过多的基因产品。正常情况下，从胎儿时期开始，特定生长因子基因的一个副本就活跃起来，而另一个副本则处于关闭状态。胎儿体内如果有两个活跃的生长因子基因，就会过度生长，出生时，孩子就会患有威—贝二氏综合征（Wiedemann-Beckwith syndrome），体形过大且低血糖（因为胰腺中有大量细胞，并产生了过多的胰岛素），而且还很可能会患上某种癌症。威尔姆氏肿瘤（Wilms tumour）是一种在出生前就发病的儿童肾癌，这种病中异常的生长因子只出现在肾脏。幸运的是，大多数情况下，威尔姆氏肿瘤可以被治愈。

　　在我们的细胞中，每个基因也都有两个副本。当我们只想要其中的一个副本起作用时，有时我们会使父体的副本或者（对其他一些基因来说）母体的副本保持"沉默"。这种"沉默"也包括表观遗传基因失活的过程，这一过程被称为"印记"（imprinting）。印记基因（imprinted genes）并不多，也许只有 100 个。很多印记基因都参与了控制生长和发育。这表明，为了使胎儿和幼儿得到最理想的发育，来自父体和母体的基因之间的相互作用在某种程度上要保持平衡。现在，我们知道除了那些被烙上印记的基因以外，还有很多基因受到表观遗传过程的控制。

　　表观遗传过程一定是多细胞生物的一个必要组成部分。我们体内各种类型的细胞都是从一个受精卵发育而来，因而它们一定带有相同的遗传信息。但处于开启状态的各类基因组能够制造不同类型的蛋白质，因此各类细胞的发展轨迹不尽相同。心肌细胞必定能制造使它正常工作的伸缩蛋白。胰腺分泌细胞虽然不能制造这类蛋白质，但是它一定要有制造胰岛素所必需的合成过程。胚胎干细胞能够转化为不同种类的细胞，而这一转化过程成功与否取决于是否能非常精确地开启和关闭控制其发展的基因。当亲细胞长成皮肤细胞，它的所有子细胞就会变为皮肤细胞。细胞的增殖也必定要受到基因的控制。有些细胞从生命的开始到终结持续不断地分裂（例如肠道内衬细胞或皮肤细胞），而另一些细胞（例如心脏细胞和脑细胞）则在我们出生之前就基本停止了分裂。如果控制细胞分裂的遗传机制发生错误，组织就会出现癌变。

因此，基因的持久开启和关闭对我们的进化历史和发育来说至关重要。但这并不是一个闭合的系统。我们已经介绍了"发育可塑性"这个概念——即一个基因型能够产生多个显型。这意味着基因的表达样式具有多样性。有些变化也许是永久的，如蜂后不能变成工蜂，而其他一些变化则是暂时的。例如，人类制造血红蛋白的基因在胎儿时期和出生后并不相同，因此红细胞中的血红蛋白在我们生命周期的不同阶段有着不同的表现形式。母体和胎儿虽然都有血红蛋白，但其获得氧气的能力不同。也正是由于这个原因，氧气更容易通过胎盘从母体传送给胎儿。

环境的回声

动物的特征与其生存环境的完美匹配向我们证明了环境对进化产生了多大的影响。没有环境的限制和改变，就不会有选择，也就不会有比某一个遗传变异更加有利的遗传变异。在某一特定环境中，是否有利于成功繁育决定了是否选择特定的遗传特征。经过漫长的选择和进化，动物那些可以遗传的性状就能反映出它在进化过程中所处的环境。因此，人们认为弗洛雷斯岛矮象（站立时只有 120 厘米高）的灭绝反映了当时它们生存的环境中可以获得的食物不足。这种动物只有在身材矮小的情况下才能保持健康并繁育后代，因此，为了使它们的需求能够适应食物供给，它们采取了适应策略。这样，诱发小体形的基因就被选择了出来。经过一段时间，象的体形变得越来越矮小，直到与食物的供给量保持平衡。我们对这些象灭绝的原因并不确定，可能是由于人类对它们的猎捕，也可能是因为大约 1.2 万年前，岛上剧烈的火山喷发导致了环境的重大变化进而导致了它们的灭绝。

上面提到的例子中，环境的影响跨越了很长的时间。显然，这种影响无疑也贯穿了进化进程的始终。但是，地球上很多地方的环境变化变幻莫测。在某个时间段内发生的环境影响会在随后的较短时期内（比如说，进化过程中的一代或是几代，而不是很多代）起作用吗？目前这种"代间转移效应"（transgenerational effects）已经有了坚实的生物学基础，人们认识到环境对历经几代的遗传都会产生影响，但是这种观念的形成也是来之不易的。

直到 20 世纪早期，支持达尔文的主张的观点才逐渐确立。而我们一定不要忘记，甚至是在《物种的起源》一书中，达尔文就认识到，要确定一个特定的性状（他以哺乳动物的毛皮厚度为例）在多大程度上由长期的自然选择决定，又在多大程度上由更直接的短期环境作用所决定是一件很困难的事情。虽然他没有对后者进行深入的探讨——他连基因都不了解，就更别说"表观遗传过程"

了——但是他承认拉马克机制（Lamarckian mechanism）的某种形式也许会起到一定作用。

20世纪中期，"获得性状遗传"的说法在苏联吸引了大量的政治目光。农业生物学家特罗菲姆·李森科（Trofim Lysenko）的研究工作受到了当地政府的关注。他宣称正在进行一项开创性的工作，即研究越冬对农作物生长的影响。和许多植物一样，如果农作物（例如小麦）在冬天经历了一段结霜期，那么它们在春天长势会更好。为了提高农作物的产量，李森科做了大量的实验。在种植前，他将种子冷冻，称这样可以显著提高产量。他所采用的种子促熟法（vernalization）技术预示着谷物产量可能大增，甚至可能一年最多获得两次丰收。当时，苏联经济日益增长，但是食物供给却面临难题（尤其是在西伯利亚地区），因此李森科的实验受到政府的关注也不足为奇了。1948年，李森科被任命为列宁农业科学院院长，成为苏联科学界颇具影响力的人物，并接触到了共产党的高级官员。事业上的平步青云使他不禁得意忘形，不断吹嘘自己这一科学新理论如果能得到大规模推广效果将会是如何的惊人。此后，他又向斯大林申请资金，做了一些浮夸的农业实验，数年后人们才弄明白这些实验终归失败。但当时，党内支持李森科的人越来越多，在某种程度上这是由于"环境能改变生物的性状"这一观点非常诱人。如果可以对小麦进行这样的处理，那么对人类来说又有什么不可以的呢？这项新科学难道不能被用来提高工人的工作能力（尤其是使在国家农场工作的工人与在工厂工作的工人效率一样高）？随着李森科影响的不断扩大，他公然抨击许多科学界的前辈，并宣称他们不够激进。才华横溢的进化生物学家舒玛豪森（Schmalhausen）被免去职务，到乡下教书。另一个重要的、有创新精神的遗传学家和植物育种家瓦维洛夫（Vavilov）在流放过程中神秘死去。直到斯大林的政权瓦解，整个欺诈事件才得以平息。尽管如此，公众还是对"获得性状遗传"的说法给予了很大的关注，并由此引发了广泛的争论。

事后人们才明白，李森科事件造成的严重后果不仅仅在于对有独创性的思想家的排斥，例如舒玛豪森的死去（1963），它造成的危害性更大，影响更深远。第二次世界大战后，控制着欧洲的铁幕封锁了社会主义国家与西方国家的科学和文化交流。人们对任何来自苏联的消息都产生极大的怀疑。难道李森科事件还没有表明他们的科学方法论是多么的不严谨？政治垄断是如何的严重吗？很长时间以后，舒玛豪森以及其他人的工作才被介绍到西方国家。英国生物学家康拉德·瓦丁顿（Conrad Waddington）的工作与舒玛豪森的工作非常相似，但他似乎对舒玛豪森的工作了解甚少。总之，所有这些事件都使科学家们的主动性受到了抑制——他们不愿考虑"环境因素是如何影响遗传结构"，也不主动提出这样的问题：在比进化的时间尺度更短的一段时间内，起作用的环境因素是否重要。

生物在发育过程中最容易受到影响，所以我们可以设想，环境因素在生物早期发育阶段影响最大。但是发生生物学（后被称为胚胎学）正如它的名字一样，与遗传生物学并没有联系。在介于达尔文的观点和现代遗传学之间的"现代综合论"（Modern Synthesis）中，发生生物学确实没有起到任何作用。只是在过去的10年中，理论和实验工作才已经表明我们低估了生物学的这个重要组成部分。即便是在今天，在主流生物化学科学中，表观遗传生物学的重要性只是刚刚开始受到关注。

黄色的花朵和黄色的老鼠

表观遗传学被定义为生物学的一个分支。它与对基因表达产生的外界影响的效果有关。"表观遗传学"这个术语越来越局限于指某些过程。例如 DNA 功能的化学修饰过程，这一过程由 DNA 甲基化促成，但 DNA 自身的序列并没有被改变。生物发育过程中的这种内在过程确保了来自单一受精细胞的、特点差异很大的特化细胞（specialized cells）成形。例如，某一个细胞系将变成全套基因都被开启的神经细胞，另一细胞系将变成肠细胞，其与神经细胞完全不同的基因将被开启（其他基因被关闭）。但是，这两种类型的细胞有着完全相同的基因型，它们都来自同一个"全能"胚胎干细胞（指具有发展成为体内任何一种细胞类型的潜能）。这个内部调控的过程对于正常的发育过程来说至关重要。来自任何一个细胞周围的其他细胞的化学信号会告知这个细胞自身的作用，并引导表观遗传变化。但来自胚胎外部的信号会影响到这个系统吗？也就是说，在胚胎、胎儿和新生儿的生命中运转的环境信号会在其逐渐发育的过程中从本质上对基因表达产生持久的影响吗？答案是明确的——会产生影响。在下章中我们将描述表观遗传过程是如何影响发育可塑性的。补充说明一下，由环境诱发的表观遗传变化是某些癌症产生的基础，因此人们对这种变化的作用很感兴趣。

本章我们要关注的是遗传。表观遗传变化能被遗传吗？当一个细胞产生子细胞时（如一个正在发育的器官），那些子细胞与亲细胞的特征相同。因此，子肝细胞前体（cell precursors）与其亲细胞的基因表达相同——被开启的基因相同，被关闭的基因也相同。在某种意义上，这是细胞遗传的一种形式。虽然我们对这种生物化学现象是如何发生的仍不是很清楚，但可以确定的是"开启和关闭"基因开关的表观遗传谱系一定已经从母细胞遗传到了子细胞。

而个体的几代之间的遗传又如何呢？传统认识上，人们认为决定基因表达的表观遗传"标记（marks）"（或记忆）已经在受精和胚胎的早期形成过程中被擦除了。从本质上来说，受精卵就是最终的干细胞，它能复制并形成由无数个细胞组成的身体。因此，受精卵必须非常干净，不带有任何表观遗传标记。一般来说，人们认为当细胞开始分化成具有不同基因表达形式的各种类型的细胞时，表观遗传标记（如甲基化）只不过是被重新加强而已。但事情并没有这么简单。现在，大量的实验数据表明，某些表观遗传标记代表着环境对一代人的影响，并能从一代传到随后的几代。但是我们对其潜在的机制尚不清楚。

尽管"环境影响可以在代际间遗传"这种看法在植物和动物科学中都得到了认可，它在医学界中仍是一个新的理念。云兰是一种开花植物。它黄色花朵的形状有两种不同的形式——其中一种的样子好看些，而另一种很难看。但是无论开哪种花，都能育出纯种的云兰。但是 18 世纪伟大的分类学者卡罗鲁斯·林奈乌斯（Carolus Linnaeus）却认为它们是两种截然不同的物种。现在的分子科学已经表明，这两种云兰基因完全相同，唯一区别在于两种样式的花中都有一个控制花瓣对称的基因，样子好看一些的花中的这个基因被激活了，而长得难看的那一种花的基因没有被激活。这里起作用的正是遗传的表观遗传标记。

在哺乳动物中也存在着一些表观遗传过程起作用的有趣例子。刺豚鼠（agouti mouse）是一种实验室老鼠，它们出生时可能长有黄色或棕色的毛皮。黄色刺豚鼠的数量取决于鼠灰色基因（agouti gene）中有多少刺鼠色蛋白（agouti protein）被表达。那些被表达出来的刺鼠色蛋白能从父代传到子代，尽管这一过程仍存在缺陷。基因是非常活跃还是不大活跃要由表观遗传过程控制——较少的甲基化会导致大量的刺鼠色蛋白被表达。有趣的是，最近研究表明，如果母豚鼠在妊娠之前和怀孕期间改变饮食，调控甲基化的生物化学途径就会改变。饮食变化会使基因的表观遗传控制程度发生改变，从而在其子代的毛皮颜色上反映出来。在其他的老鼠实验中，研究人员发现，农药中的荷尔蒙干扰剂（hormone disruptor agents）会对老鼠精子的存活力、数量以及活动性产生干扰。有趣的是，最近的实验表明，即使只在一代中使用化学药品，药品对精子的影响也能在其第三代身上看到，这就是遗传了的表观遗传变化。这种情况也许非常极端，涉及某种老鼠的特殊基因，或是要接触到毒性很大的化学药品。而最新的研究表明，怀孕老鼠的饮食变化，或在怀孕期间接触到应激激素，都会引起其后代新陈代谢的生理调控系统和血压调控的改变，表观遗传变化影响着基因的表达，并遗传给第三代。因此毫无疑问，环境对一代造成的影响会形成表观遗传标记，并代代相传。

但表观遗传过程并不是环境影响从一代传到下一代的唯一途径。当母亲营养不良时，她生的孩子体形就会较小。如果新生儿是一个女婴，也许她长大后生的孩子体形也较小，很可能像她自己出生时一样。如果孕妇在怀孕初期营养不良，那么上面所说的这种情况的确很有可能发生。我们从第二次世界大战期间发生的"荷兰饥饿冬天"（Dutch Hunger Winter）这一悲剧性事件中了解了饥荒对人类怀孕及其后代健康的影响。第二次世界大战期间，盟军发起了"市场花园行动"（Operation Market Garden），旨在夺取荷兰境内主要桥梁以及交通要道。为支持盟军，荷兰的抵抗运动一度十分活跃，其中包括运输系统工人的罢工。1944 ～ 1945 年的冬天，为了报复抵抗活动，纳粹大量削减荷兰部分地区的食物供给。当"市场花园行动"失败后，纳粹禁止经由铁路向荷兰西部运送食物。起初，荷兰人还可以通过运河运送食物。但是 1945 年的冬天异常寒冷，运河结冰，水运不得不停止。饥荒持续了数月，但在盟军解放了低地国家之后，这一状况很快就得到了缓解。重要的是，有些医院一直保留着详细的病史档案，使得后来有可能对受到饥荒影响的人群以及他们后代的健康状况进行跟踪调查。这些研究中的一大发现是，在妊娠头 3 个月营养不良的母亲，其所生的女婴体形大小正常，但是当这些女婴长大，成为母亲的时候，她们所生的孩子体形会较小些。此外，西班牙科学家的研究表明，出生时体重较轻的女婴子宫较小，因为子宫主要是在胎儿时期的前半阶段形成。较小的子宫会抑制胎儿的生长发育。也就是说，子宫较小的女性所生的孩子体形也会较小。这是"代间转移效应"遗传下来的另一种生物学机制。

文化遗产

但是动物，尤其是人类，会使用其他方式把信息从一代传递给下一代，他们会利用语言的交际能力、教与学以及行为训练和模仿来传递信息。遗传的这种形式有时被称做"文化传承"（cultural inheritance）（这种叫法也许颇有争议）。文化传承指某种特征从一代传到其后代（用《圣经》术语来说就是从父亲传到儿子、从母亲传到女儿），这种传承或许可能与血缘关系没有任何联系——没有遗传关系的人们之间也可以发生文化传承。

在日本的幸岛上生活着一群猕猴（macaque monkey），科学家对岛上的猕猴进行了大量研究。他们用番薯把猴子吸引到研究地点——一片沙地。就像沙滩上的人类野餐者一样，猴子喜欢番薯，而不喜欢上面的沙子。一只叫依莫的母猴，在溪水边把番薯上的沙子洗掉。它发现这样不仅干净，而且番薯味道也很好，那时它的同伴们仍然吃着带有沙子的番薯。不过现在经过几代之后，猴群里的所有猴子都会去清洗带有沙子的番薯。它们逐渐学会了这种"烹饪"技巧，并把这种洗掉番薯上沙子的传统习惯一代一代地传了下去。同样是这群猴子，它们还学到了更多的方法。研究人员喂猴子吃带有沙子的麦粒。一只母猴发现，若抓一把带沙的麦粒放到海水里，沙子会下沉而麦粒会浮起来。这样便可轻易将麦粒和沙子分离开来，从而吃到干净的麦粒。现在，当研究人员再去喂猴子吃带沙的麦粒时，所有的猴子都会用海水滤掉沙子，把麦粒冲洗干净。到海水里冲洗食物使猴子们发现在水里嬉戏很好玩儿，因而猕猴的一个新传统就此诞生了。有些年龄较大的猴子开始吃被当地渔民丢弃到海里的鱼，现在它们再也不怕水了。当地就有这样一个娱乐项目——让公猕猴从水池中抓鱼。所以，钓鱼再也不只是男性"智人"的最大爱好了！在这个例子中，我们可以看到文化传承发挥作用是一件复杂的事情——一种特定的有益行为会被传给其他个体（包括其后代），然后这种行为被复杂化，以至于复杂的额外行为也随之产生。

动物群体中有很多这样的例子，即习得的技巧在种群中传播开来。黑猩猩使用粗糙的工具从蚁巢中"钓"出白蚁，然而在非洲的不同地区，它们"钓"白蚁的方法不尽相同。还有些狒狒群直立着走过小溪，而另一些则用四足爬过小溪。鸟类也采取了不同的筑巢策略来躲避捕食者。

　　文化改变传播得很快，但是必须要有基础才行。习得和模仿的能力是必备的，而基因决定着这种能力。随着时间的发展，也许自然选择同样能使那些习得能力最强的动物更容易生存下来，繁衍后代。我们相信，在猿人的进化过程中情况也是如此。习得能力和交际能力成为古猿生存的关键。为了支持这些更高级的功能，它们的大脑进化得越来越大。200万年前，早期智人发明了首批工具；可能在100万年前开始学会使用火。这是我们在人类进化史上迈出的关键两步。然而，语言的使用是交际能力中的一种极其复杂的形式，这种能力很可能是人类进化最关键的一步。大脑控制语言的路径以及发声器官，喉的形成也至关重要，并且这一定经历了经典的达尔文进程的进化。

　　但是，语言的本质及其使用很大程度上取决于"文化演变"。人类社会有成千上万种语言，彼此孤立的不同群体也发展了极其独特的语言形式。仅在新几内亚岛也许就有1 000多种语言。那里的山谷被不可逾越的群山和热带雨林分隔开来。显然，人类的语言可以归为几类——德语和英语关系密切，法语和西班牙语源于同一语系，毛利语和塔希提语也很相似。而语言能够随着不同地区中的不同特点来发展。在很多土著语言中，家庭内部特殊关系的用语比英语要复杂得多。在英语中我们用"cousin"一词就可以囊括各种复杂的家庭内部关系。土著语言反映了在其社会中大的家庭单位的重要性，以及各种能够起作用的婚俗禁忌语。阿尔巴尼亚语中用来描述不同样式的胡子的词语就有25个之多。但这对新几内亚高地讲瓦几语人毫无用处，因为大胡子是这一地区人们的主要特征，因此他们无需更多词语来描述。如果一个罗马尼亚的孤儿在出生时即被收养，后被带到英国去，并在那里长大，他使用的语言一定是英语而不是罗马尼亚语。这些都是文化演变和文化传承在起作用的例子。

即便是没有说话的能力，新的语言也能产生。在几个失聪者生活的群体中，人们发明了非常复杂的手语。他们可以使用这种手语进行大量的表达。最近，有文件记载的一个例子是赛义德贝多因人（Al-Sayyid Bedouin）手语。赛义德人是一个联姻的贝多因人大家庭的共同祖先。200年前，他们定居在内格夫沙漠并携带着耳聋的隐性基因。第一批耳聋的孩子们出生于20世纪早期。他们发明了一种基础手语，并把它传给了后代。而100年后的现在，这种手语已经发展的极为复杂和完善，这一地区中不仅80个耳聋的成员使用这种极其复杂的语言，而且群体中的所有成员（3 000人）也在使用这种语言。对语言学研究来说重要的是，这种手语的结构与它周围的语言差别很大。

变化着的语言和方言能够清楚地表明文化演变在起作用，因为新词语或新的含义能够进入到一种语言。外乔治亚班克斯岛上使用的语言（如欧克拉科克语）虽来源于英语，但是它们有很大的不同。皮钦语（pidgin，也叫洋泾浜英语）就是欧洲人入侵太平洋地区后产生的一门新语言。欧洲人需要发展一种共同的语言来进行交流，因而皮钦语产生了。某些家庭内使用的词语也可能有特殊的含义，不像专业术语在任何情况下意思都相同。有些不同的社会使用同一种语言，它们甚至赋予同一个词语不同的含义。在英国，"rubber"一词的含义是橡皮，而在美国它的意思则是避孕套。对这类词语的使用会使许多旅游者在进行跨文化交际中感到有些尴尬。

人们对于如何解读与语言的形成时间有关的考古学记录仍存在不少争论。是20多万年前还是最近的5万年前？古生物学家对此看法不一。复杂的交际形式是创造性活动（如艺术，形成于 7 万年前～ 5 万年前）产生的必要因素。人们相信尼安得特尔人（Neanderthal）具备某种有限的语言能力，因为他们居住在复杂的社会中，需要进行某种程度的协作或合作。大约 3 000 年前的文化大爆炸中，我们所熟知的象征艺术以及文化习俗（如葬礼）出现了。此后，语言在推动现代人类的文化演变方面必定起到了至关重要的作用。

现在被我们称为"宗教"的大多数概念很可能也在同一时期前后出现。宗教的演变十分有趣，但它不是我们这本书要探讨的内容。然而，宗教的演变历史又再次证明了一个群体是如何接受信仰和风俗这些复杂的概念，这些概念又如何在这一群体中确立了不可动摇的地位。宗教习俗创造了一系列规则，一旦农业和住宅区开始发展，这些规则就变得尤为重要。它们使各个群体能在更大的群体中和谐生活，并进而形成更加复杂的社会。

今天，我们看到不同的家庭信奉不同的宗教和政治偏爱，这正是文化传承的体现。无论在何种社会，其社会结构（不论是母系的还是等级的）都支配着生殖繁育的结构（从一夫多妻到一妻多夫）。而且所有这些都源于文化传播和文化传承的过程，并在代与代之间建立了牢固的纽带。如果这条纽带发生断裂，则会造成代与代之间连续性的损失。在传统的犹太家庭中，文化上要求犹太人只能与犹太人结婚。如果一个孩子打破了这个传统，那么他的父母则会认为他们的孩子死了，并为其祷告，举行哀悼仪式。在某些社会中，令人毛骨悚然的风俗，如荣誉处死（honour killing），反映出人们对文化传承的信仰要高于对生物遗传的忠实。在世界很多地区，家族间的仇恨可以延续很长时间，这表明新一代要忘记冒犯他们祖先的行为是一件多么困难的事情。

农业的传播是这本书的重要议题之一。在世界上很多地区农业的发展都是独立的，而它一旦得到发展，就会传播开来。尤其是欧亚大陆的农业，它是从其发源地——"新月沃土"，即美索不达米亚（Mesopotamia）传播而来。这种情况是如何发生的呢？这项技术的传播（更像是在互联网上传播知识）是因为农民们从一个地区移居到了另一个地区，还是一个部落通过对邻近部落的观察和模仿学习到的呢？农业以及随其产生的伴随物——宗教、社会风俗和语言——已经成为文化演变中最重要的部分。

　　但是，甚至是在家庭层面，文化传承对健康来说也是至关重要的。举个例子来说，母亲们教她们的女儿怎样去照顾婴儿。在乡村（如冈比亚），外祖母在家中帮助母亲照顾孩子，孩子的存活率就会高得多。因而，这种抚育儿童的方式被广泛传播。20 世纪后半期，婴儿猝死综合征（cot death）的发病率非常高。在某些地区每 1 000 个新生儿中就有 8 个患有这种疾病。婴儿猝死综合征更常见于俯卧着睡觉的婴儿中。因为，那时人们认为这种俯卧睡觉的姿势会使孩子更舒服，回吐和吸入食物的可能性也更小一些。这种让婴儿俯卧睡觉的做法是由外祖母教给婴儿的母亲的。儿童的保健护士和儿科专家也都采取相同的做法。出于善意的文化传承却帮了倒忙。现在，研究表明，如果婴儿采用仰卧的姿势睡觉，他们得病的风险就会减少。一旦此研究结果被证实，那么家长们只需要读几篇报纸上的文章，看几个电视节目，或参与几次配有乐曲的信息发布活动（口号是"采用仰卧的姿势睡觉"），就会改变这种文化习俗。还有多少儿童的发育受到文化继承的影响呢？文化不同，母乳喂养的习惯也存在差异。怀孕、分娩以及婴幼儿保健方面的很多习俗在一个地区的文化特性和习俗中根深蒂固。然而，也许所有这些都会对子孙后代的健康产生重大影响。

第三章

当我们还很年轻

　　蝾螈和真螈是令人着迷的动物。生物学家偏爱研究它们，它们也是儿童在池塘玩耍时最喜欢的小东西。高山欧螈生活在法国南部和瑞士的湖泊里，它原是一种水生生物，在湖边的浅水处产卵、孵化，其幼仔与蝌蚪看起来很像。与蝌蚪一样，螈都生活在水中，但是当它们长大时可以对生活方式作出选择。一种选择是像蝌蚪一样在水中生活。在这种情况下，虽然它们的外表看起来仍像是处于发育的初级阶段，但实际上已经具备很强的繁殖能力。而另一种选择是关闭鳃裂，因而既能在水中又能在陆地上生活。这两种形式的高山欧螈种群都存在，只是比例不固定，但是它们的生活截然不同。有趣的是，通常来说较大的幼体要经过变态，关闭鳃裂。而那些出生时体形较小的幼体保留了水生的鳃，所以能在较深的湖水中游泳。那里有更多的浮游生物，竞争也没那么激烈，因此它们停止了快速生长，繁殖能力也更强了。但是当日子不好过，水平面下降时，只有能在陆地上生存的螈才有更多的存活机会。因此，在一些情形下最好一直维持水生的螈的状态，而在其他情形下最好能够离开干涸的池塘去寻找另一个池塘。

　　由此可见，发育是一件极为复杂的事情，它不仅仅是一个简单的、线性的、机械的"程序"，受精卵不是简单的只用基因中携带的信息就能长成成体，发育也不是一个封闭的过程。螈从它的周围环境中得到有关种群密度以及食物竞争方面的信息，然后采取某种特殊的发育策略，进而产生极其不同的生命进程——不同的生长模式、不同的食物来源、不同的存活概率以及不同的繁殖成功率。在动物王国中的每一个部分，从单细胞生物到人类，你都能找到生物在发育早期作出选择的例子。在某些例子中，选择的结果一目了然——鳃裂或者不鳃裂，而在很多其他例子中，选择的结果更加的微妙。但是在所有的例子中，这些结果都是为了达到一个根本目的——试图使生物体与其将要生存的环境相匹配，并最大限度地提高繁殖成功率。

因此，我们必须要抛弃掉这样的观念——基因组就像一个完美的设计图，制定了一套指令，使受精卵开始进行一系列的分裂和变异，直到生物体达到它预定的成熟状态。如果是这种情况，那么具有相同基因型的每个个体实际上在每个方面都会完全一样。很明显，情况并非如此，即便是同卵双生的双胞胎也绝不会在所有方面都完全一样。举个例子来说，他们在出生时，通常在体形的大小方面就存在差异。把基因组比喻成设计图并不正确，然而令人惊讶的是人们经常使用这样的类比。相反，我们必须要把成熟的表型考虑在内，表型是环境与生物体之间相互作用的结果。在每个阶段，这种相互作用都是由环境的本质、基因组的特征以及之前发生过的、环境与生物体之间的相互作用来决定的。

生命是从何时开始的

这个问题是科学和医学方面受政治影响更多的问题中的一个（老牧师会回答说："在孩子们离开家以后，狗也死了，生命就开始了。"我们先把这个答案放在一边）。对堕胎以及应采取何种限制措施的政治和宗教辩论推动了人们对这个问题的思考。实质上，这是极其重要的个人选择问题，并非有效的科学问题。生命是在卵子和精子形成时，还是在受精过程中，抑或是在从早期胚胎到新生儿的一系列的发育过程中的某一时刻开始的呢？生命是在婴儿器官形成的时候（很多器官是婴儿出生后逐渐发育成熟的，例如大脑，那么婴儿器官的形成又意味着什么）开始的吗？生命是开始于第一次的肌肉运动引起的肢体活动吗？还是首次脑电波的出现？或者是胎儿开始有了相当于做梦的睡眠模式（而它又梦到些什么）？如果是被接生的婴儿（至少有现代新生儿学和技术的支持），当他们能够独立生活的时候生命就开始了吗？这一系列问题都是个人和社会价值观问题，与科学无关。从科学角度来说，生命始于38亿年前，从那时起DNA就持续不断地进行复制，直到我们和星球上其他每一种生物的诞生。

"生命始于受孕"的说法也受到了许多质疑。准确地说，直到我们父亲的精子进入到母亲的卵子里，我们的基因组才完整。但是精子形成的方式与卵子的发育方式截然不同。青春期后的男性在其整个繁育期期间能够不断地生产出精子，每次射精前精囊中都已储存了大量的精子。因此，根据父亲的性活动的频率，在受孕之前的几天，构成我们一半基因的精子就已经在他的睾丸中形成了。与之相反，女性的所有卵子在子宫形成的几个星期后就开始产生了。因此胚胎一半的遗传物质可能刚产生几天，而另一半则已经存在数年了。

为什么男性和女性产出的精子和卵子之间存在如此之大的差异呢？进化生物学家这样解释这个问题：在整个动物王国中，雄性每次射出的精液都含有大量的精子，所以这些精子必须被连续不断地生产出来，这是提高繁殖成功率的有利因素。如果雌性在排卵期前后与多个雄性进行交配，那么那些在射精时射出更多精子的雄性就会在这场"受孕竞赛"中获胜。这就像是买彩票——买得越多，中奖的概率就越大。实际上，不论是雄性还是雌性都有很多巧妙的进化方式来参与和应对这样的"精子竞赛"。

构成婴儿基因型的卵子已经存活了很久，其间也许会受到一系列环境因素的影响。而在受孕之前，精子存在的时间很可能非常的短暂。母亲的这种进化优势是因为卵子受到外祖母子宫内环境的影响吗？是否因为这样的影响，我们的母亲在出生之前就形成其所有的卵子了呢？一名 40 岁的怀孕女性的卵子要比她 20 岁时受孕的卵子的"年龄"大得多。卵子的质量很可能会随着年龄的增长逐渐下降，也许会更易受到损坏。这也正是女性在大约 35 岁之后不易受孕的原因。这个有关生物学的现实已经受到了社会关注，因为更多的女性在推迟了组织家庭的年龄后，发现自己的生育状况很难令人满意。辅助生育技术应用的与日俱增与这种生物学现象有着直接的关系。我们可以从进化的角度来解释女性在 35 岁之后生育能力开始下降的原因，并在稍后讨论绝经期的问题时，重温这个话题。

从卵子到身体的形成

受精后，具有完整基因（分别来自父母）的单细胞胚胎开始了快速地细胞分裂，每个细胞产出带有等量基因组 DNA 的两个子细胞。这些细胞叫做胚胎干细胞。经过进一步分裂，它们能够分化成身体中的所有不同类型的细胞，随后呈现特定的显性变化。这些胚胎干细胞能转变成任何细胞类型，因此在理论上，当老化和疾病已经破坏掉器官中的某些细胞群，例如患痴呆症患者的脑部、患有心肌梗死的心脏以及糖尿病患者胰腺中制造胰岛素的细胞，我们可以

用胚胎干细胞来补充这些器官中的某些细胞群。而获取干细胞用于
研究目的已经成为近期讨论的主要焦点。从理论上来说，胚胎干细
胞的应用有很大的科学优势，因为它们最具有使用潜能，可以被应
用到任何一种细胞类型中去。在很多组织中，例如脑和骨髓，有些
干细胞一直都会存在，如女性卵巢中老化的卵子。但是它们越来越
老，潜力也更加有限，这些组织也许会因干细胞的老化而受损。更
近一些时候，人们在脐带和脐带血液中发现了干细胞，这一发现至
少使库存细胞成为可能。如果需要的话，人们在他们生命的后期可
以使用那些库存的细胞。尽管我们还不清楚未来这种库存细胞是否
能在治疗上得到应用，但是这一领域的研究十分活跃，尽管受到了
来自政治和宗教人士的刁难。这真是令人无法容忍，因为个人信仰
体系妨碍了社会上多数人的意见。

组织分化包括细胞中被表达的基因谱的有序变化，以使基因呈
现出它们所特有的特征。研究这一分化过程的学科叫做发生生物
学。我们具有运用分子生物学这种工具的能力，能够确定在发育过
程中开启哪个细胞中的基因，在什么时间开启，它们彼此之间又是
什么样的关系。因此，在过去的 20 年中，发生生物学已经得到了
蓬勃地发展。每个细胞的命运都由从邻近细胞发出的化学信号所决
定，很多这样的特殊信号被用来使分化与进一步发育协调发展，这
是非常重要的。因为细胞并不能单独发育，它必须与其邻近的细胞
共同起作用。如果一个肝细胞处于甲状腺中，那么它不会起任何作
用。随着某些细胞以不同的方式分化、移动（被其他的细胞吸引或
排斥）并把化学信号分泌到它们所处的环境中，原本存在于一个受
精细胞中的信息被用来发育成一个复杂的器官。

令人吃惊的是，人们发现了保守进化是如何进行的。很多相同

的基因被用来调控简单的生物体（如体内有不到 1 000 个细胞的蛔虫、秀丽线虫）甚至人体的发育（其体内有 1 亿万兆多个细胞）。尽管人类和那些简单生物体中有 25% 的细胞是相同的，但是早在大约 6 亿年前，我们就已经在进化族谱上分化开来了。

每个细胞之所以成为造血细胞、肌细胞或者皮肤细胞取决于哪个基因被开启（或关闭），以及哪个基因调节器被激活。在上一章中我们曾说过这些开关都是相同的，但它们利用了表观遗传过程永久地改变了细胞中不同基因的活性。胰腺细胞和甲状腺细胞都具有相同的基因（基因型一词既可以指一个细胞也可以指一个生物体），但是在胰腺细胞中控制路径的基因被开启，形成并分泌胰岛素，控制制造甲状腺素的基因则被关闭。在甲状腺细胞中的情况则正好相反。

因此，器官和系统的发育以有序的方式进行着。发育的进程一定与基因有关，因此基因的发育"程序"这一说法自然流行起来。因为身体主要部分的发育，例如昆虫的肢体、翅膀和体节，都与基因的表达一致。所以直到最近，人们才认为所有的发育一定都是有序、相互协作并受到调控的。从本质上来说，不受外在因素的影响。

发育的高速公路

开车从美国的圣何塞到旧金山，卫星导航系统会指示你前往101 号州际高速公路。但是由于交通状况不好（毕竟是在加利福尼亚开车），你可能要改道至 480 号公路，然后驶上 280 号公路，从一个不同的方向开到旧金山。或者一路上雨下得很大，所以路上的车开得都很慢，但是最终你也到达了目的地。下雨和交通状况这些环境因素改变了你的行程，但是最终你还是到达了旧金山（尽管这也许影响了你的情绪）。然而，如果圣安地列斯断层发生地震毁坏了高速公路桥，也许你永远也到不了旧金山（如果运气好的话也许能够回家）。这时，你的旅行彻底被环境给破坏掉了。

同理，发育也是如此。环境因素可能完全干扰了发育，引起了或大或小的异常情况。我们已经认识到外部因素对发育的干扰能够持续大约 50 年。药物（如镇静剂）、过度饮酒、传染病（如风疹）以及电离辐射都能够导致新生儿出现缺陷。因此最近，不少人关注环境中的许多化学药品。我们会不时地在媒体上得知这样的消息：由于准父母们接触到了化学药剂，生活在化学工厂附近的一些家庭里出现了一连串的新生儿缺陷问题。此种类型的接触也曾是从海湾战争中归来的士兵们所担心的问题。很难准确地说这类接触会引起多少种缺陷，但可以肯定的是，有足够的例子能证明这种接触是导致新生儿出现缺陷的原因。不过，具有破坏性的信号不必像辐射或战争那样严重。如果母亲在怀孕期间糖尿病没有得到控制，其血液中的葡萄糖含量就会极高，那么这可能就是一个具有破坏性的信号，会引起胎儿心脏发育上的缺陷。

但是，在更通常的情况下，环境因素没有使发育"程序"中断，而只是对它进行了调整。就像上面提到的例子，旅行的终点没有改变，仍然是旧金山。实际上，正是这些为了适应发育而进行的微妙的环境调整，使后代与其环境的匹配达到了最佳状况。虽然发育的根本基础在于胚胎中包含的遗传信息，但是环境因素会帮助生物在进化过程中作出选择和调整，即发育可塑性，最终适应周围的环境。作出调整的目的在于使之与环境更加匹配，我们上面所说的采用了截然不同的时间标尺。基因是随着物种的漫长进化促使生物

　　与环境大致匹配。但是发育可塑性是使生物与其在怀孕期前后所处的生存环境达到匹配，同时，正如我们将要看到的那样，也有可能使生物体与胎儿所预期的、在其日后的生活中所处的生存环境相匹配。

　　从受孕到新生儿出生，这些修饰的环境信号都会存在。在出生之前，它们通过母体和胎盘被传递给哺乳动物的胚胎或胎儿。两栖动物、鸟类、爬行动物甚至是昆虫的卵都可能会受到环境因素的影响。哺乳动物需要考虑的最重要的环境因素是营养和捕食者威胁信号，而不是明显的自然环境因素，因为食物的获得以及捕食者的威胁是影响一个生物体生存的最重要的环境因素。

　　甚至从怀孕初期开始，营养状况就会对胎儿产生影响。在受孕期间，女性非常瘦小或营养不良，其所生的婴儿体形就会偏小或是早产，而身体肥胖的女性所生的婴儿患糖尿病的风险更大。怀孕期间，母亲要为胎儿提供大量的营养。怀孕初期母亲的营养储存状况能够决定其养料供给系统在孕期内其余时间的运作情况，她的营养状况能够影响从卵巢通往子宫的输卵管中的营养水平。因为受孕后第一周，受精卵就处在这样的环境中。母亲的营养状况还可影响到子宫内的营养含量。种植在子宫壁上和形成胎盘之前，正在发育的胚胎会在子宫里呆上数日。而胎盘一旦形成，母亲的饮食及其新陈代谢将会决定输送给胎儿的营养的水平。孩子出生后，母亲的健康会影响到母乳的质量，此外母亲的许多行为都会影响到孩子，进而影响孩子的饮食及成长发育。经过很长一段时间，在所有这些过程的促进下，发育可塑性使发育得到了完善，新个体与其在当前和以后所处的环境达到了匹配。正如生物长期以来的目标都是使繁殖成功概率达到最高。

对很多动物来说，它们都需要面临来自其同类或异类的竞争或捕食。这一点是非常重要的。如果极易被捕食或竞争激烈，那么就会产生压力，动物将不得不采取不同的生存策略。加利福尼亚湾北部生活着一种动物叫藤壶，它的外壳顶部通常有一个输送食物的洞。有一种海螺喜欢以这些藤壶为食，它们长有尖利的刺，能够扎进藤壶外壳的洞里。藤壶种群如果从某些化学信号中得知它们的周围有很多海螺，这时其下一代就会发育出弯曲的外壳，使输送食物的洞长在外壳的侧面而不是顶部。通常，这样可以避免海螺得逞。虽然藤壶存活了下来，但是它们生长得更加缓慢，繁殖能力也不如以前。当海螺种群数量下降（在某种程度上是由于它们没有足够的藤壶可以食用）时，藤壶的下一代就又恢复了其正常的形式。像这种在发育中由捕食者和压力诱发变化的例子也有很多。

不大明显的压力也能导致哺乳动物的后代发生某种改变。当孕妇的压力荷尔蒙水平高时，就会影响到胎儿，并引起其发育上的变化，其中包括改变其压力反应系统的工作方式，使其承受生活环境中压力的能力更高。最近，英国爱丁堡与美国纽约的科学家经过共同研究发现，在"9·11"恐怖袭击期间，患上了外伤后压力紊乱症（post-traumatic stress disorder）的纽约怀孕女性，其生出的孩子压力荷尔蒙中的氢化可的松（cortisol）的水平发生了变化。同时，这些科学家运用数据说明，胎儿对压力荷尔蒙改变的敏感期会一直持续到儿童期。科学家们还对第二次世界大战期间德国纳粹对犹太人的大屠杀中的幸存者做了研究，发现大约60年后，年龄最小的幸存者也已经改变了压力荷尔蒙水平。

随着生物体逐渐变老，其改变发育轨迹的能力也逐渐减弱。要维持可塑性确实需要付出代价，因此必须要作出让步。假如要建造一辆新汽车的原型机。在建造初期的某个时候，设计师改变他的想法说："我不想建造 4 个轮子的车了，我要建一台 6 个轮子的车（或者要把汽油发动机改成柴油的）。"但在这个时候改变想法已经太晚了。如果车已经建好，这时要把手动挡变成自动挡也不可能了。甚至在某个时候，要把车上的皮椅换成布椅，或者把油漆颜色从"英国赛车绿"改成"法拉力红"都是件麻烦的事。较早时候的改动不可逆转，之后的改动也许可能，但是需要付出很高的代价。到汽车建造的最后一刻，可能有几种选择：是要一个 CD 播放器还是要一个导航系统？人类的发育过程也是这样——越是在发育后期，越难改变表型，而且在某个阶段，很多系统的可塑性在实质上已经丧失了。对于这辆车来说，轮轴数量的可塑性很早就丧失了。随后，变速箱的可塑性以及油漆和音响系统的可塑性分别在较晚和更晚的时期也没有了。但是，轮胎的可塑性却从来没有丧失过。相似的是，在哺乳动物的发育过程中，某些器官的可塑性在胎儿早期就丧失掉了。例如，在受孕的 7 个星期后，原始的性腺被决定为卵巢或睾丸，这是不可逆转的。对于其他器官来说，如肾，直到妊娠后期肾脏过滤单位的数量才被完全确定下来。而对于大脑来说，其可塑性虽然可持续到生命结束，但随着年龄的增长也会减弱。在可塑性方面，不同物种间存在着很大的差异。人类只能在胚胎期发育四肢，与之相反，如果需要的话，成熟的美西螈可以任何时候再生四肢。

现在还是以后

现在，人们逐渐达成一种共识：可塑性主要是为了在生物与其所生存的环境之间达到更好的匹配，即确保生物能在它的舒适地带里生活。如果环境已经发生了变化，生物为了在一个新的舒适地带里生活就必须改变其表型。发育可塑性有两种形式，其区别在于适应性优势何时出现。如果发育早期的环境条件恶劣，那么也许胎儿必须要作出某些即时适应性反应才能得以生存下去。这就像是在建造初期面临资金缺乏的汽车工程师，如果他们没有资金，不能根据现行计划完成汽车的建造，他们就会立即修改计划，或将其连同整个项目一起放弃。但是，大多数发育过程中作出的可塑性反应都是调整表型以适应生命后期的、预测的环境状况。我们把这种类型的反应称为"可预测的适应性反应"。这就相当于当他们正在建造汽车时，汽车的制造者被告知汽车将来可能使用的环境。这时车还是那辆车，只是可能要相应的对引擎、轮胎以及空调系统作出改变。

减缓初期生长发育是一种最常见的即时适应性反应。当从母体输送给胎儿的营养不足时，为了胎儿生存下来就必须放慢其生长速度，因此便引起了此种类型的反应发生。即时反应的另一种类型是加速胎儿的成熟，以使其尽早出生。这时，一种即时优势就产生了。如果母体内的环境对胎儿造成了威胁，那么过早的分娩也许是一个更安全的选择。这种带有即时适应性反应的权衡总是会发生。包括人类在内，出生时体形较小或早产的动物存活的时间可能不会很长，但是如果它们不作出适应性反应也许根本就不会活下来。

而要了解出生后生物与环境的匹配情况，我们的注意力要放在可预测的反应上。胚胎、胎儿或出生不满一个月的婴儿利用这些反应尽力对其生理作出调整，以使其身体构造与他所预测的生活、成长以及繁育后代的环境达到更好的匹配。这样就需要他感知周围的环境，运用获得的信息来预测其将来所处的环境，而后利用发育可塑性使最终的表型与预测的环境达到更完美的匹配。信号也许是营养的一个组成部分，比如说氨基酸、葡萄糖或维生素的降低。然而，反应也必须要形成一个总体，这样才能使整个生物体在其预测的营养不足的环境中适应现有的营养状况，生存下来并繁育后代。他必须使生理的多个方面与其生命进程策略相适应，从而适应预期的环境。

生物与环境匹配的程度越高，繁殖成功的概率就越大。简单来说，将来的世界可以看作两种环境，生物可以在其间作出选择：食物短缺、竞争激烈，因而环境险恶；或者食物充足、竞争不激烈，因而环境安全。在这两种环境中，生物采取的生活策略截然不同。危险的环境意味着寿命缩短，因而要尽早地成熟起来，繁育后代，把基因从个体传给下一代。安全的环境使个体有可能长得更大，繁育更多的后代，并在生存竞争中更具优势。

出生以后

虽然发育可塑性的能力并没有在出生时终止，但是随着我们的成长，这种能力变得更加的有限。出生不满一个月的婴儿与胎儿一样具有依赖性，它们通过很多方式从母体获得信息。而人类在出生后，其生长模式非常独特。我们出生时比其他任何一个物种都要胖一些，在婴儿期和儿童期早期生长得很快，而在儿童期早期之后和青少年期生长缓慢。随后，我们开始分泌生殖激素，步入了青春期。经过了又一个快速发展的时期之后，我们的生长板（growth plates）最终闭合，停止了生长。因此，可以把我们出生后的生长发育分成4个阶段。第一阶段：婴儿期。其特点是生长速度快。起初我们要完全依赖于母乳喂养来获得营养。到2岁时，这样的快速生长就停止了。在传统社会里，这个时期通常是孩子断奶的时期。缓慢发展的儿童期是生长的第二个阶段。从 3 岁到 7 岁的儿童仍然非常需要母亲的保护及其提供的营养支持。然后在经过了缓慢生长的青少年期之后，又迎来了一个快速发展的阶段——青春期。

大多数哺乳动物在出生或断奶后生长的速度都很快。随后，生长的速度放慢并达到性成熟。它们没有明显的儿童阶段。一旦过了婴儿期，大多数哺乳动物在繁殖期前就会变成青少年。这时，它们很少需要或不再需要母亲提供的营养支持。没有任何一个物种，甚至是离我们最近的远亲——大猿类（great apes），能像我们人类一样，在青春期阶段骨骼生长突增得如此显著（尽管雄性大猩猩的体重在青春期也会增加不少）。对化石标本的检验结果显示，智人（有可能是离我们最近的祖先）是首个也是唯一一个在青春期阶段骨骼生长突增如此之快的原始人类。图尔卡纳男孩的骨骼化石是直立猿人这一物种的最好的例子。这个男孩生活在 160 万年前的东非，其身高达到 160 厘米。虽然关于他死亡时的年龄问题，至今仍存在争论。但可以确定的是当时他并没有完全成熟。不过，究竟是 7 岁还是 11 岁就不能确定了。这个问题虽然不难，但却很难给出明确的答案，因为每种生物生长和成熟的模式都不相同。直立猿人的成熟模式是什么样的呢？对于智人来说，我们青春期的生长突增的模式是独一无二的吗？这种生长突增的模式在我们原始祖先的身上出现过吗？也许我们永远都不会知道这些问题的答案。

因此，我们对于儿童期的独特的生长模式有很多疑问。出生时我们为什么这么胖呢？为什么人类有较长的儿童期阶段而其他哺乳动物却没有呢？为什么在青春期我们的骨骼生长会突增？这些答案似乎在于，我们要成为一种用两条腿走路、脑容量大的大型哺乳动物，就必须要经历这种独特的发育方式。要进化成大容量的脑就需要我们在脑部尚未成熟的状况下出生，以避免由于头部过大而骨盆腔狭窄所产生的问题。如果我们想一下出生时神经的成熟度，就能够看到这种独特发育方式的结果——其他的灵长类动物在出生时就完全具备了运动的能力，而人类在 1 岁时才开始试探着迈出第一步，3 岁或 3 岁以后才能追赶我们的父母。这种生长模式对那些居无定所的原始家庭结构（由狩猎者和食物采集者构成）带来了问题，因为婴儿非常依赖成人，他们要在母亲或（外）祖母的臂弯中一直待到 3 岁左右。重要的是，解读人类的进化一定要从我们进化依赖的环境角度来看。也就是说，最初人类的祖先生活在东非，狩猎采集者生活在非常小的社会群体中。

出生时我们的成熟度更像那些繁殖速度快、体形较小的哺乳动物。而我们的脑部在出生之前就已经开始了快速生长，并一直持续着，数月后仍未减弱。无论如何，这样的脑部发育必须受到保护。即使营养会遭到破坏，处于婴儿期的人类，其高能量的脂肪储备仍为脑部的继续生长提供了能量缓冲区。在婴儿期我们快速地生长，而后又经历了很长时间的儿童期，这时我们仍不能完全独立地生活。尽管如此，我们的母亲仍可能会在我们断奶后不久再次怀孕。为什么我们会有这么长的儿童期呢？现在，我们有很多理论来解释这个问题。这是我们寿命较长以及成熟缓慢的副产品吗？这段时期是为了使脑部持续生长，并不断学到生活的技能，还是使母亲在较早的时候给孩子断奶，并在她下次怀孕期间，依靠其他的家庭成员来照顾婴儿呢？很多人类学家都曾给出数据来支持以上这些观点。

所有灵长类生物都有青少年时期。虽然青少年不再依赖母亲的帮助，但是他们还没有达到性成熟。大部分的脑部发育虽然已经完成了，然而动物们却还要学习社交以及其他方面的技能。它们在种群中一定也起着重要的作用——如帮忙照顾幼小的同类。在人类现存的狩猎采集者社会中也是如此。重要的是，所有这些都发生在它们参与性竞争之前。因此，在进化过程中，它们不得不对事件发生的时机以及在生命进程中的成熟阶段作出又一次的选择。

不同物种的寿命差异非常大。而这些差异又与它们在进化中为保护基因遗传的连续性而采取的策略有关。森林姬鼠（wood mouse）的寿命不到两年。非洲大象可以活到70多岁。而某些乌龟的寿命更是非常长——就在我写本书的这一刻，澳大利亚昆士兰动物园的乌龟哈丽雅特刚刚过完它175岁的生日。大多数的动物（人类中的女性除外）在其成年后的大多数时间里都具有繁殖能力，尽管其中有一些动物的繁殖性能会随着年龄的增长每况愈下——特别是寿命较长的物种中的雌性。绝经期是否是人类所特有的？这个问题引起了争论。我们会在后面的章节中回到这个话题上来。

我们为什么会变老？这个问题很难回答。通常，大多数人都认为老化的机能是以下因素共同作用的结果：损耗、接触活性氧自由基以及导致细胞功能丧失的环境毒素。进化模式的提出与权衡理论有关。细胞的修复与保养面临氧化应激和环境毒素的挑战，而应对这种挑战不可避免地要消耗能量。然而，使细胞保持良好的状况直到繁殖结束是很重要的。因此，生物作出了一种权衡——在生命早期以及繁殖过程中（包括为人父母）投入高成本，以修复和保养细胞，然后再减少投入。不管我们如何衰老，衰老的原因是什么，自然选择将会发挥作用，挑选有利于成功繁殖的基因。一旦繁殖结束，就很少会选择或者不会选择任何对寿命有利的事物。因此，选择可能会偏爱引起较高繁殖成功率的基因，尽管这些基因不久后就会走向死亡。雄性鲑鱼的情况就是这样，在一段繁殖期过后便死去。幸好智人要比鲑鱼复杂得多。

改变我们的生活方式

　　孔雀鱼是一种小型热带鱼。我们在家里的鱼缸中经常会看到它。不过，其真正的栖息地是委内瑞拉和特立尼达岛的溪流。然而同一条溪流里的孔雀鱼长相却不相同。生活在溪流上游的孔雀鱼有较亮的、彩虹色的斑点和花纹（其中有很多是蓝色的）。而生活在溪流下游的孔雀鱼的颜色却没有那么鲜艳。其身上的斑点很小，蓝色花纹也微乎其微。在溪流上游生活的鱼要比在下游生活的鱼的体形大一些。为什么会是这样一种状况呢？对孔雀鱼的最大威胁来自体形较大的食肉丽鱼科鱼，它生活在溪流的下游。雌性孔雀鱼喜欢与体形大、色彩艳丽的雄性鱼为伴。因此，生活在溪流上游的雄孔雀鱼因其色彩艳丽，成为雌性选择的对象。当雄孔雀鱼体形长到足够大时，会频繁交配。溪流的下游有更多捕食者，所以孔雀鱼必须要更加小心，不能"张扬"。为了能在下游生存，伪装较好的孔雀鱼经过选择被留了下来。它们保持了较小的体形和不太显眼的外表，以躲避丽鱼科鱼的捕食（尽管如此，它们身上的斑点还是能够吸引到同类的母鱼的）。也就是说，溪流下游的孔雀鱼的生活要更不稳定些。它们采取了这样一种策略：为了把基因传给下一代，就必须尽快地完成繁殖。在成长和"宣传"自己方面，它们不用投入太多。生活在溪流上游的孔雀鱼也许过得更加惬意，长成后的体形也会更大一些。这样又给了它们一种适应性优势。自然选择使不同的孔雀鱼种群适应了不同的环境，并且它们发展路线也不相同。从中我们可以看出，生活史策略可以使一个物种与环境的匹配达到完美，在这种策略发展的早期阶段作出的选择是决定这一物种生死存亡的关键。

有些环境表现出可以预测的周期性变化，例如季节性变化。有几个种类的蝴蝶或蛾会随着一年中幼虫孵化的时间的变化来改变翅膀的颜色搭配。例如，一种名为 Bicyclus anyana 的东非蝴蝶全年都可以繁殖，但是分别在潮湿和干燥的季节中出生的蝴蝶其外表差异很大。多年来，它们都被认为是两个不同的物种。在潮湿季节出生的蝴蝶其翅膀上有明显的眼斑。但是随着干燥季节的来临，气温下降，食物也越来越少，在干燥季节出生的蝴蝶其翅膀上没有眼斑。它们把自己伪装起来，看起来就像落在森林植被上的棕色树叶。这些差异引起了一种选择优势。带有眼斑的翅膀会分散捕食者的注意力，使它们的身体免受攻击。当食物充足时，伪装就没有那么重要了。而在干燥的季节中，不同形式的伪装却是非常必要的。环境影响引起了来自同一基因型的物种呈现不同的表型。在这个例子中，"环境影响"即周围环境的温度和日照的时间长度，改变了幼虫的荷尔蒙分泌，控制了决定不同的翅膀颜色样式的基因表达。

很多野生哺乳动物也不得不考虑季节的因素，其中最明显的例子就是不同种类的田鼠。我们已经描述了美国宾夕法尼亚州的草地田鼠如何根据季节调整它的毛皮厚度。对与其同属一类的物种——美国落基山脉的高山田鼠来说，春季和夏季是其最佳的生育、生长以及交配的季节。这两个季节温度最高，食物供给也最充足。因此，田鼠能够达到足够的体重，在初夏繁殖过后仍能保持良好的身体状况，度过寒冷的冬天。而在冬天出生的小田鼠为了保存足够的养料过冬，就会放慢它们的生长速度——如果它们长得过快，并且在冬天繁殖后代，它们和幼仔就很可能熬不过这个冬天。因此，生活在这个小生境中的田鼠选择了不同的策略来应对季节的变化。发育轨迹的改变取决于昼长。有趣的是，还是同一种田鼠，它们生活在一般（不是冬天）的环境中，就不采取这种策略。像蝾螈一样，发育中的田鼠有一系列可以选择的发育途径，这些途径虽以基因为基础，但却要根据环境信号作出选择。

某些其他动物甚至会采取更明显的延迟策略——它们能在怀孕期间按下"暂停键"——这个过程被称为胚胎滞育（embryonic diapause）。胚胎能够保持暂停发育的状态，漂浮在子宫里，而不是植入到子宫壁上。雌性沙袋鼠就是利用这一策略来持续繁殖幼鼠。它生完小袋鼠后马上就会怀孕。但是刚出生的幼鼠还很不成熟，需要依附在雌鼠的小袋里。雌鼠把所有的能量都用来喂幼鼠吃奶。这时，它腹中胚胎的发育就会中止。而当袋中的幼鼠一旦断奶，胚胎又重新开始发育。不久后，第二个幼鼠就诞生了（因为怀孕期只有27天）。此时，雌性沙袋鼠会再次受孕，胚胎仍保持暂停发育的状态直到第二个幼鼠断奶。如果雌鼠袋中的幼鼠丢了，处于暂停发育状态的胚胎就会被激活，并植入到子宫壁上，继续发育。"延迟植入"在狍中也是一种非常成功的生存策略。雌狍在夏季受孕，因为夏季是雌狍身体状况最好的季节，也是最多产的季节。而通过采取延迟植入的策略，在冬季它并没有消耗掉过多的营养储存。春天到来了，孕期又将开始，当食物再次充足时，雌狍就能养活双胞胎或3胞胎幼狍。很多其他物种，包括蝙蝠、犰狳和臭鼬，也有这样的季节性滞育（seasonal diapause）。

对于很多物种来说，气候和营养对生长和发育的限制非常重要。我们发现，对气候和营养的适应能力是一种生存优势。众所周知，应对天气和预测天气的能力都很重要。有一天，你拿着一件大衣、一条围巾和一把雨伞出门，结果外面正是艳阳高照。这种情况你一定会觉得很尴尬。更糟糕的是，你穿着短裤和 T 恤衫上山，起初看起来还不错的天气下起了暴风雪。这时如果你被困在山上，处境将极为危险。由此可以看出，提前对天气作出预测很重要，这样会使你在事情发生前就做好准备。对于生活进程策略来说，预测得越准，存活的概率就越高，因而成功交配的机会也就越大。

生物这种预测的过程在出生前就开始了。通过预测，正在发育的胚胎和胎儿在出生前就能作出适应性改变，因而在预测的环境中具有更强的存活能力。这些预测必须使用来自母体的暗示，通过胎盘传递给正在发育的生物体，并告知有关外部世界的信息。因为幼仔直到断奶后才会独立面对其所处的营养环境，所以在它被哺育期间能接收到一些暗示。母亲越早告知幼仔有关其可能所处的外部世界的信息，幼仔就会更准确地调整其可塑性反应，在环境中就会有更大的生存机会，这是非常关键的。因此，在发育阶段，幼仔利用来自母亲的信息对将来的环境作出预测，并根据预测对组织、器官以及控制系统的发育作出改变。当预测正确时，幼仔在将来的生活中就具备生存优势。但是如果预测不准确，幼仔将面临与其将来生存的环境不匹配的危险。虽然预测也许会失误，并对一些幼仔来说会产生与环境不匹配的现象，但是如果预测的结果"对多错少"，幼仔也会具有进化优势。我们中的许多人都居住在岛上，例如英国或新西兰。对于这些人来说，如果天气预报的准确率达到 50% 以上他们就会很高兴了。

现在，我们对幼仔能够借助一些过程作出预测性反应有了很多了解。来自母亲的信号可能是一种关键营养物的水平的改变，也可能是血液中的一种荷尔蒙的变化。举个例子来说，宾夕法尼亚州的草地田鼠的幼仔出生时会根据即将到来的季节（冬天或是夏天）对它的毛皮厚度作出适当调整，对于草地田鼠和高山田鼠这两个同类的物种来说，其怀孕期间不断变化的昼长是一种暗示。胎儿能感知到这种暗示，是因为母体产生的荷尔蒙退黑激素（hormone melatonin）能够通过胎盘传输给胎儿。退黑激素在白天的低水平和夜间的高水平之间循环往复，并根据黑夜的长度作出调整。因此，当春天白昼变长时，退黑激素在母体的血液中高度集中，这会告知胎儿夏天就要到来；在秋天，当白昼变短，较高水平的退黑激素会告知胎儿冬天将至。田鼠的发育就此作出相应的调整。

在发育过程中，母体用信号向胎儿发出与环境有关的若干信息，如可用食物的多少、周围捕食者的数量以及群居的条件。动物研究显示出，如果在其怀孕期间暂时限制液体的供给，幼仔的盐、水调控机制的设置点就会相应的作出调整，并增强了储水能力。如果在发育期间所做的预测正确，那么所有这些都会使幼仔在将来的环境中具有适应性优势。

然而预测可能会失误。也许从胚胎期或胎儿早期到出生后的这段时间里，环境已经发生了改变。如果母体生病，饮食不当或者胎盘发生机能障碍，胎儿就可能预测其出生后营养不良。而事实上情况并非如此。如果母体吸烟，通过胎盘的营养输送会受到尼古丁作用的限制，导致胎儿对将来作出了这样的预测——其出生后所处的环境营养不足，同时根据这样的状况调整其表型。而事实上，营养上的局限性并不存在。在第七章中我们会回到这个问题上来。

我们已经用与疾病有关的例子来阐明了观点。而实际上，所有胎儿自始至终都在对它们的将来作出预测。它们尽力使其身体构造与将要面临的环境达到完美匹配。因此，任何能够影响到胎儿发育的情况都会对随后的匹配产生影响。这些早期的经历对生物体的整个生命进程策略的调整都会产生影响。

正确的途径

比较生物学家通常从两个主要方面来考虑生命策略：食物和性（大多数青少年没有这么大的差异）。不同的生命进程策略代表着不同的选择结果。这些选择是基于以下几点作出的：生物的生理与其所处的自然环境之间的匹配程度、食物的可获得性以及在生存环境中存在的威胁（自然环境、捕食或来自同一物种的竞争）。基本上，生物可以采取两类极端的策略。有些动物采取这些极端的策略，而大多数物种所采取的策略介于这两类极端的策略之间。一种极端的策略是，有些动物具有很强繁殖能力，但是它们的后代中只有少数能够存活下来，继续繁衍后代。通常来说，这些动物的发育速度非常快，其成年后可能寿命很短，体形也很小。昆虫、鱼、两栖类动物以及很多小型哺乳动物（例如鼠）都属于这种发展模式，尽管其发展程度不同。另一种极端的策略是：有些动物仅有几个后代，但是它们为后代投入很多。其婴儿的死亡率要低很多。它们生长缓慢，但体形相对较大，并且在生活周期的后期参与繁殖。例如大象、马、蓝鲸和人。

这些基本策略可能会受到环境因素的限制。举个例子，对于一个体形大、寿命短的哺育者来说，在危险丛生的环境中对营养环境作出的恰当反应，也许能够加快成熟的速度，尽早繁殖。尽管这样会使生物个体处于危险的状况中，但基因遗传总算是被保留了下来。与之相比，每次怀孕只产一胎的动物成熟缓慢，繁殖较晚。动物必须尽力推迟其繁殖的时间，等到时机更加合适时再进行繁殖。因为未成年的幼仔在其出生后的长期发育过程中极其需要母亲的帮助，因此母亲的存活对它们来说非常重要。大多数动物所采取的生命进程策略介于这些极端的策略之间，但是人类是一个发育非常缓慢的例子。

人类与其他动物一样，在进化过程中具备了这种权衡能力。我们可以从营养、发育、生长阶段、寿命以及繁殖之间的相互影响的角度来理解这种能力。当子宫中发育的人类胎儿营养不良时，它要在较早成熟与还未成熟就降生之间作出权衡。在很多物种中，繁殖成功率的提高导致了另一种与生物学有关的权衡形式——雌性的寿命较短。对英国贵族（他们被认为一生都在最佳的社会经济条件下生活，并且其生育记录相对可靠）的研究发现，皇后和王妃所生的孩子越多，她们的寿命就越短。

原始人类有 20 多个物种，人类就是其中的一个。在 700 万年前，他们的共同祖先经过进化开始用两条腿走路。人类具有一些特征，而正是这些特征限定了我们的发育模式。在我们巨大的颅骨内有一个体积大且功能也强大的脑——我们的脑容量（1 350 毫升）几乎是我们早期祖先"能人"（Homo habilis）脑容量（800 毫升）的 2 倍，是首个原始人类的 4 倍。在剖宫产出现以前，骨盆腔是婴儿出生的唯一途径。但为了使两条腿走路更有效率，原始人类要改变臀部的位置，使骨盆腔变窄，否则一旦走路，我们就会脸部朝下摔倒在地上。当我们把即将出生的婴儿的头部大小与骨盆腔宽度相比较时，就会发现没有多大的误差。相比之下，大多数其他的灵长类动物的骨盆腔可能要较大一些，因为它们不能直立行走。因此，黑猩猩幼仔能够脸部朝前，直接通过骨盆腔被分娩出来，而人类的婴儿则不能。臀部重新调整使骨盆腔的角度变窄，所以人类的婴儿在出生时只有旋转它的头部才能通过狭窄的骨盆腔。因而，人类婴儿的出生方式很独特，并不是脸部朝前。人类学家温达·崔瓦森（Wenda Trevathan）提出，在人类的婴儿出生时，如果另外有一个人在场，及时把婴儿的嘴清除干净，这样当它的头部出来时就能呼吸到空气，其存活几率就会更大一些。助产士就是由此产生的吗？

营巢类哺乳动物，例如兔子、白鼬和田鼠，它们的怀孕期很短，一窝生出的幼仔很多。幼仔的发育很不成熟，需要巢穴的保护才能继续发育。这些幼仔看不见东西，皮肤相当脆弱，不能走动，也不能很好地控制自己的体温。但是，当它们出生以后就会成熟得非常快。一只老鼠幼仔出生后 21 天才会断奶，而只需再过 30 ～ 40 天它就能完成从青春期到交配的过渡。这种类型的生物在术语上被称之为"守巢"（altricial）。通常来说，它们的体形小、寿命短。在大约 1.5 亿年前，有袋动物的祖先与其他哺乳动物的祖先不同。它们的发育模式甚至更加极端。其后代出生时实际上就是胚胎。幼仔通过追踪一系列化学嗅迹嗅到乳头，伏在上面舔食乳液，而后要在育婴袋中经历了一段长期的成熟过程（不是在子宫里）。单孔目动物（monotreme，这个词在希腊语中意为"单孔"，指像爬行类动物一样的排泄管，也就是用来排尿、排粪和繁殖的泄殖腔），例如鸭嘴兽，是哺乳动物更古老的一个分支，现在它们只生活在澳大利亚和新几内亚。单孔目动物的繁殖很独特，它们通过母体产卵，而不是在子宫内孕育幼仔，当卵子被孵化后，它们仍用初生的乳腺哺乳喂养幼仔（初生的乳腺只是皮肤上的、特殊的斑纹）。

其他动物尤其是体形较大的哺乳动物，例如河马、马和驼鹿，它们的幼仔生来就非常成熟，能四处走动，有很好的视力、听力以及肌肉控制力，也能很好地控制自己的体温，但它们仍然要靠母体提供食物。所有类人猿都是如此，只有人类除外。为了解决婴儿的头部大而母亲的骨盆狭窄的问题，我们逐渐进化——在婴儿的大脑很不成熟的情况下母亲就将其分娩出来，出生以后其脑部仍需经历长期的发育过程。因此，与其他的类人猿不同的是，人类在出生时大脑很不成熟，不能走动也找不到自己的母亲，要完全依靠母亲的帮助才能生存。这样，我们在婴儿期和儿童期就需要得到母亲长时间的支持，直到完全独立。这对人类不断发展的社会结构也造成了影响——在很长一段时间内，孩子都需要父母的帮助（通常是母亲）。

因此，脑部大和用两条腿走路都有其重要意义。我们需要在这两种相互竞争的需求中找到平衡，这也决定了我们的发育模式。其他物种要采取特殊的生命进程策略，也要为此付出其他形式的代价，在这方面人类发育与它们没有什么不同。人类胎儿接收到有关其生存环境的暗示后，也要使其发育适应生命进程策略的调整。胎儿需要尽力对其将要生存的环境作出预测，但是我们的可塑性并不是无限的，因此我们生存的环境范围有限。但是，我们有另一种独一无二的能力，那就是我们非常擅长改造我们的环境。下一章我们会把目光转到人类改造环境的能力上来。

第四章

时过境迁

尼日利亚北部的很多地区饱受战争和饥荒的困扰。越往北，土地越贫瘠。尼日利亚东北部与尼日尔接壤的地区主要生长着阿拉伯胶树灌丛，人们只能靠种植小米和饲养几头骨瘦如柴的牲畜才能勉强维持生活。这里的夏季酷热难耐，而且十分干燥。在雨季这种状况虽然会有所缓解，但龟裂的土地又会变成泥浆，甚至就连自行车的车轮也会不断地陷在泥里。他们从不与外界进行贸易和交流，连药物供给都无法到达这里，似乎是一个远离了现代生活的地方。到这里旅行就像回到了遥远的过去。事实上，非洲这一地区正是人类的发源地。年代最古老的、原始人类的遗骨最近就是在这里被发现的。这个原始人被命名为图迈（Toumai），他生活在大约 700 万年前，其大脑约有现代人的 1/4 大。然而，如果说我们又回到了史前却是不恰当的。甚至对于现在居住在那里的人来说，他们的生活很可能与旧石器时代开始进化的智人的生活相差甚远。

这一地区有几个卡努里部落的小型定居点，都离乍得湖很近。乍得湖是一个名副其实的内陆海，尽管与过去相比现在的乍得湖要小很多。其余还有几个村庄间隔着坐落在不同的溪流边，这些溪流最终都流向乍得湖。除此之外，这一地区几乎没有人居住。因为旱季这里的水量少之又少，雨季水量又太多。20 世纪 60 年代末，在国际组织的帮助下以及巨额的美元投资，当地的人终于开始过上了更好的生活，地区经济也开始繁荣。人们计划把流到湖里的河水引到灌溉渠道系统中，为新的定居点和有价值的作物种植（如水稻）提供源源不断的水源。据预测，这一地区的经济将会增长，可能还会建设密封道路甚至是机场。某些机构甚至设想乍得湖最终可能会成为一个旅游胜地。

不幸的是，如同人类为了操纵环境作出的很多其他尝试一样，这个问题的解决办法也是以错误的前提为基础的。它忽略了这个地区居民生存艰难的主要原因之一——血吸虫病。1971年，我们医学研究考察队的马克（Mark）去尼日利亚研究这种疾病。血吸虫病是一种地方性慢性疾病，影响了撒哈拉以南1.7亿非洲人的生活。仅在尼日利亚的乡村地区就有70%的孩子和50%的成年人感染了这种疾病。血吸虫病是由于肝脏和脾脏感染了微小寄生虫，这些寄生虫会引起器官的肿大和缓慢衰竭。像很多其他的人类寄生虫一样，这种寄生虫的生活周期很复杂，它不能从一个人的身上直接传染到另一个人的身上，而是通过人类寄主的尿液和粪便排卵。因此，在卫生条件不好的地方，特别是在雨季，卵子就会进入到这个地区的河流和池塘中。从卵中孵出的幼虫而后又在第二个寄主——水螺的身上大量滋生。之后，这些微小的、像蠕虫一样的幼虫离开水螺开始自生生活。它们在水中游动，并寻找新的人类受害者——可能是一个在河里洗澡的孩子，也可能是一个在河岸边洗衣服的妇女。这种形式的寄生虫能穿透完好无损的人类皮肤，进入到血液中，并从血液流入到肝脏和脾脏中，就这样不断的恶性循环。在雨季，血吸虫病通过这样的方式在人类寄主之间快速传播。即便是在干旱的季节，血吸虫的幼虫仍可以寄生在螺内。因为螺可以把自己埋在土里存活数月度过干旱期。下雨的时候又活跃起来，开始繁殖，并释放能刺穿皮肤的血吸虫幼虫。因此把螺作为第二个寄主（幼虫能在其中孵卵）是一个很明智的选择。

数千年来，当人类在河中取水、刷洗或在乍得湖垂钓时，他们一直会受到大批血吸虫寄生物的侵扰。但是，生活在地球上这个特殊的地区就要付出这样的代价。20世纪70年代早期，灌溉方案仍处于试验阶段。这一方案的开发者认识到，他们想要开发的运河很快就会被水螺占据，并且耕种作物（例如在新的水稻田里种植水稻）的人类会接触到能刺穿皮肤的血吸虫幼虫。但是，即便发生这样的情况又有什么关系呢？他们辩称，许多卡努里农民已经患上了血吸虫病，与水的更近一步接触对于结果来说没有什么不同。马克在牛津的研究使他接触到了持不同观点的热带疾病研究专家。这些专家认为，血吸虫病症状的严重性与寄生虫负荷量有直接关系。没有第一批螺的侵扰，寄生虫就不能从一个人传染到另一个人。因此，患病的严重程度取决于这个人与水的接触。卡努里农民或渔民也许已经患上了这种疾病。但是，在某种程度上，他们已经适应了在这种环境中生活所付出的不可避免的代价。他们的寄生虫负荷量通常不会影响他们身体的正常功能。然而，一旦开始实施灌溉方案，他们就要在水中呆上更多的时间，受侵扰的程度一定会变得更加严重。

这种突然的环境改变（在水中待上更多的时间）以及寄生虫数量的增加对卡努里人造成了严重的影响，引发了毁灭性的后果。他们的工作量和生产率下降，原来有生产能力的男性失去了劳动能力，并且家庭收入也减少了——这是环境改变在营养环境和社会环境上产生的后果。原本处于稳定生存状态的一个社区，其生态系统的突然改变使他们越来越依赖外来援助。尽管付出了代价，但这里的人们本已经适应了这种特殊的、贫瘠的环境。当外来的人打扰了他们的生活，改变了原来的环境时，他们本身所具有的能力已不足以应对这样的状况，结果他们的健康状况恶化，社会也遭到了严重破坏，卡努里人陷入了困境中。因为他们，更确切地说是其他一些人（这些人认为他们知道什么东西对卡努里人更有益）改变了生存环境。这是一种自相矛盾。人类已经是一种成功的泛化物种，因为我们能够改变我们的环境，扩大我们的舒适地带；但是，有时正是这种对环境的改变给我们自己带来了灾难。

改变环境

不仅人类能够改变和控制他们的环境，很多昆虫例如白蚁和建筑蜂巢的黄蜂，也能控制环境。澳大利亚北部的白蚁能筑起几米高的巢穴。这些巢穴呈平展的刀片状，并且都是南北朝向。很多旅行者对这些所谓的"有强大吸引力的"白蚁巢穴感到不解，但同时很感谢这些巢穴为他们在广阔的大地上旅行指引方向。之所以选择这种南北朝向的设计是为了使巢穴内的温度达到最稳定的状态。在一天中的早些时候和晚些时候，平展的侧面能尽可能地吸收太阳光的热量。而当正午的阳光强烈时巢穴的边缘正对着太阳，热量会被减到最低。这样，白蚁巢穴的温度就总能保持适宜了。

大多数物种并不能建造它们自己的生存环境。特化物种在特定的自然环境中是最成功的。它们在这样的环境中进化，并且已经适应了这种独特的自然环境。如果它们不能进化或者不能适应环境的改变可能就会很危险，因为特化物种的舒适地带非常的严格和特殊。举例来说，在加拉帕哥斯群岛上，雀科鸣禽有 13 个现存物种，其中每一个物种都能适应它们的特殊小生境。这些小生境受到以下几个因素的制约：它们喜欢的植物、爱吃的种子以及是否喜欢在地

面上生活。由于罗斯玛丽和彼得·格兰特对这些物种进行了广泛的
研究，展示了进化起作用的各个方面，所以，这些物种大概是进化
生物学研究中最著名的鸟类物种。虽然达尔文收集了样本，但他却
从来没有仔细地研究过它们。与流行的说法相反，它们几乎都不是
达尔文早期思想的关键组成部分，他只是在《物种的起源》一书中
对这些样本一带而过，甚至没有标记清楚鸟的种类以及它们所在的
岛屿和小生境的名称（这确实是每一个科学家都会担心的问题）。
加拉帕哥斯群岛上的这些鸟有的生活在地面上，很少飞行。而其他
一些鸟则生活在离地面较高的地方。各种雀科鸣禽的区别在于其体
形的大小，喙的形状和大小以及它们喜欢的食物来源。喙的特点决
定了它们喜欢吃什么样的种子。实际上，这些物种都是由一个原始
物种进化而来，它们满足了岛上各种小生境的要求，因而避免了过
多的直接竞争。但是，当日子不好过时，例如长期干旱，某些类型
的种子就会消失——喙的形状不能与之相匹配的物种表现得很差，
而那些喙的形状最不适合的物种就会灭亡。因此，天气既改变了
这个物种的组成又改变了喙的形状。一般来说，天气变化具有周期
性，所以多年来岛上鸟类的喙会随着天气的变化周而复始。但是如
果环境变化过于剧烈，或者发生了不可逆转的改变，那么一个物种
消失的可能性就会很大。达尔文收集的雀科鸣禽中的一个物种（此
物种的唯一样本）——弗洛雷安娜岛地雀属大地雀，事实上在几年
后就灭绝了。它的灭绝很可能是因为其主要食物来源的消失，而并
不是由于天气的原因。这些鸟几乎都以当地的一种仙人掌为食。这
种仙人掌的种子比加拉帕哥斯群岛上其他仙人掌的种子都要大。地
雀属大地雀是唯一一种能"享用"这些大而坚硬的种子的鸟类，它
们的喙也已经得到了相应的进化。在殖民地监狱被废弃之后，牛群

被散放在岛屿的野地上，导致了仙人掌的灭绝。大多数雀科鸣禽也是生活在地面上的鸟类，它们成了囚犯宠物猫的盘中美味，其生存环境再次受到了影响。这个例子表明，一个物种的灭绝会导致另一个不能应对环境变化的特化物种的灭绝。

"小生境的建设者"（例如白蚁）建造自己相对稳定的环境，而特化物种则要受到极其特殊的环境的限制。但是人类却能不断创造新的环境、发明新的技术，因而可以在任何环境中生存。新技术的应用可以使大范围的环境变成所谓的舒适地带。衣服、圆顶冰屋以及狩猎工具使因纽特人能在北极圈内生活；漂浮的芦苇岛使艾马拉人能够生活在安第斯山脉的的喀喀湖（Lake Titicaca）；我们的技术使我们能够建造出全年室温稳定的摩天大厦和地下购物商场。

利用这些技术，人类似乎可以无限地改造环境。确实，人类的近代史中不乏利用新技术大规模改造环境的例子（不论是自然环境、营养环境还是社会环境）。新技术使得我们能在最初的进化环境以外的环境中生存。但是，我们要为我们引起的环境变化付出越来越大的代价，这种代价包括我们的身体构造与环境之间更加不匹配，因此患病的危险逐渐增大。

但是，首先我们需要回顾，在人类的进化历史中人类环境是怎样发生变化以及人类自身是如何改变环境的。简单来说，人类早期的历史就是一部迁徙史，他们学会了如何去适应不同的环境。而随着时间的推移（过去的1万年左右），人类通过定居、发展农业以及复杂的社会，操纵了他们的营养环境、社会环境以及自然环境。我们感兴趣的是人类能在多大程度上适应或不适应这些变化了的环境。讨论这个问题，不会用一个章节来描述人类的历史，我们不是历史学家，而且有关这个话题的好书也有很多，但是，作为生物学家，不能不对这些自从我们的物种开始进化就发生了改变的环境因素加以辨别。环境变化决定着我们与现代世界的匹配程度，我们是否有能力应对这些环境变化仍是个问题。因此，这个章节的余下部分将会聚焦那些已经改变的环境因素——在某些情况下，这些环境因素的变化已经超出了我们的适应能力，因而给我们的生活造成了一定的损失。人类作为一个物种，具有改变技术的独特能力，我们关注的焦点将集中在这种能力上，例如被改变的食物供给、更长的寿命以及在复杂的社会中更密集的群体生活。

不断迁徙的原始人类

人们认为首个原始人类是从森林迁居到热带草原的，并且正是这样的迁居直接或间接地导致了他们行走姿势的改变——从弯腰低头到直立行走。200万年前～100万年前，在东非大裂谷东侧居住的直立人首先具有制造工具和使用火的能力。大约15万年前，最早的智人也出现在这一地区。

在这个时期，环境发生了很大的变化。我们可以从对冰芯样本的研究中得知这些变化。由于冰芯内部的气泡中含有百万年以前的气体，因此可向人们提供有关气候变化的重要信息。地球平均温度的变化和水平面的变化都具有周期性，并且非常复杂。在一定程度上这是由地球绕太阳旋转（一个周期是10万年）、地球的倾斜（一个周期是4.2万年）以及地轴摆动（一个周期是2.2万年）的周期变化所引起的。这些变化的周期相互作用，它们与太阳黑子的变化以及诸如大陆漂移等因素共同改变着洋流的样式，使地球气候发生重大改变。冰蚀将地球带入了冷却期，同时海平面开始下降，因为水被困在极地冰川中了，这就是冰川时代。地球的历史就是冷暖交替变化的历史，尽管由于影响地球气候变化因素多变，这种交替变化的周期和模式非常不规律。最近的冰川期开始于10万年前，直到1.15万年前才结束。自从那时起，地球的气候就一直处于温暖的间冰期。

原始人类至少有两次重要的迁居。第一次是大约100万年前直立人的迁居，他们及其后代中的一些人，例如尼安德特人（Homo neanderthalensis），开始占据欧亚大陆的大部分地区——从西班牙到印度尼西亚。他们为什么要迁居？是因为人口膨胀还是因为环境正在发生变化，使他们被迫离开以寻找新的舒适区？我们不清楚真实的原因。尼安德特人和小个的佛罗勒斯人（最近在印度尼西亚的弗罗里斯岛上发现的与尼安德特人不同的人种）可能是最后两个与我们一同居住在这个地球上的原始人种。现在人们仍在争论，智人是否仅在非洲出现还是从直立人及其后代的物种（生活在非洲、亚洲和欧洲）进化而来。但是现在，遗传标记研究表明，智人只生活在15万年前的非洲。

经过出色的探测工作，我们现在已经绘制出智人离开非洲时的路径。这项工作基于两种研究方法，一种是研究者密切关注女性的移居，另一种是关注男性的移居。人类细胞内的小细胞器包含着一种DNA的特殊形式，即线粒体。由于精子中没有线粒体，这种DNA的特殊形式只能从母亲遗传给女儿，而Y染色体只能从父亲遗传给儿子。鉴于此，研究者可以通过查找女性的DNA线粒体以及男性的Y染色体中的基因标记和变异来追踪男系和女系。这项技术已经被用于鉴别和追踪一个特别的Y染色体样式。这一Y染色体始于大约1 000年前的蒙古。现在，蒙古族的男性中，大约有8%的人都具有这种样式的Y染色体，这最有可能源自成吉思汗

（Genghis khan）。因为他有很多孩子，并且对被征服者的大屠杀导致了对有利于他的血统的"选择"。

大约 6.5 万年前，智人开始从非洲迁移出来。直到 4.5 万年前，才到达澳大利亚。迁徙的时间似乎过于漫长，但是在冰川期，人们需要从现在的印度尼西亚横渡大海才能到达澳大利亚，这表明当时人类技术已经有了很大的发展。智人也许在大约 1.3 万年前才进入美洲。当时，冰川消退使白令海峡上出现了一座陆桥，从北洛基山脉东部经过这段没有冰的陆桥，智人就来到了美洲。新西兰是人类最后一个定居的重要大陆板块，仅仅 1 000 年前，毛利人乘木筏迁徙至此，完成了大约 4 000 年前从台湾开始的南岛大迁移。

迁居群体的规模很可能非常小，也许只有关系密切的 10～15 个人。据估计只有少数几个人越过了白令海峡，他们的后代就是现在南北美洲的土著人。同样，芬兰原始居民的祖先似乎也是数量很小的原始人。

纵观历史，游牧部落经过长途跋涉终于生存了下来。从首批游牧民横渡白令海峡开始，整个美洲只用了 1 000 年就被开垦了出来。由于狩猎采集人口分散在更广阔的地理区域，他们所要适应的环境变得更加不同。但是他们都能使用火和工具、会缝制衣服以及建造住所，并且还具备群体狩猎所必需的交际技能，因而他们能够适应环境并生存下来。

旧石器时代的人类

语言使我们能够进行交际，制订计划，使用技术。很多专家认为，没有语言也许就不会有具象派艺术和抽象思维。但是，我们并不知道语言是在什么时候出现的。大约 6.5 万年前，当原始人类开始走出非洲时，他们的技术和社会能力似乎已经得到了快速发展。有一种观点认为，这些发展与我们的语言能力的成熟有关，而另一些人则认为，语言一定发展得更早一些。不管哪种观点是正确的，洞穴墙上的具象派绘画、珠子以及其他个人装饰物和雕刻物品的出现，一定与复杂的专业工具的使用密切相关。大概在同一时期，带有随葬品的葬礼的出现表明我们的祖先已经具有某种信仰，如对来世和传统的"宗教性"的信仰。这里我们看到了点燃人们想象力的文化的诞生。是当时的生活已经足够安全，人们可以发展艺术了吗？还是洞穴里漫长的冬天以及对春天狩猎的期望，或是担心邻近族群的袭击促进了艺术的发展呢？他们是否知道人的寿命可以更长，所以把尸体掩埋起来，并举行仪式以慰神明呢？或者这样的葬礼是对生命的一种庆祝？我们永远也不会知道答案，但这并不妨碍我们把这些看作人类进化的重要标志——即复杂的抽象的思维的出现。

这段人类发展的时期常被称为旧石器时代。我们对它的了解多少有些推测的成分。退一步说，太古代地质学和古生物学都有其局限性。大约 1 万年前，随着农业的发展和人类的定居，旧石器时代结束了（某些群体，例如澳大利亚的土著居民，直到近代才采用后旧石器时代的技术）。作为一个物种，也许我们的生活 95% 都处于旧石器时代。然而，如果你认为人类在旧石器时代的生活都是一样的，那么就大错特错了。当时，我们生存的环境范围极其广阔，而且在旧石器时代后期，至少是在工具制造的技术和艺术的运用方面发生了很大的变化。

尽管太古代地质学有限的研究资料使我们无法更多地了解旧石器时代，但是一些研究者正努力追踪至今仍存在的几个狩猎采集者社会，试图借此增进我们对旧石器时代的了解。澳大利亚和某些巴布亚部落虽然保持了新石器时代之前的生活状态，直到与欧洲接触才开始发展农业。但是，对这些部落接触现代技术之前的记载十分有限。现在仍有几个狩猎采集者社会存在，例如喀拉哈里沙漠的布西曼族（the Kung）以及某些巴布亚和亚马逊河的部落。但是，这些社会已经被置于发展中的世界的边缘，而且经常被迫离开他们祖先生活过的环境区域。他们已经被排挤到原本不一定会有人居住的生态系统中，被迫过着与其祖先截然不同的生活。因此，根据这些人来对史前资料作出推断并不容易。

生活在旧石器时代的人类接触到的环境范围很广——从炎热的非洲到寒冷的北极洲。但是，我们可以对此作出一些归纳，这样可以帮助我们了解祖先面临的选择压力。例如，早期的人类进化时并没有碰到人口密度大、社会等级复杂的压力，起初他们应对的只是小型的社会群体。他们也没有接触到与农业有关的、含有更高密度的碳水化合物和高脂肪的食物。因此，应对这些接触，他们原本就没有什么进化压力。

"进化适应性产生的环境"（environment of evolutionary adaptedness）这个特殊的概念由心理分析学家约翰·波尔比（John Bowlby）首次提出，并由林达·柯斯玛依达（Leda Cosmides）和约翰·托比（John Tooby）两位进化心理学家进一步发展，他们给旧石器时代的选择性环境（特别是与心理功能有关）下了一个定义。他们假设脑功能以一种模块的方式进化，并且这些模块是由旧石器时代的社会环境塑造而成的，即生活相对独立的小型家族群体。然而，也许他们在"环境决定选择"这个重要论点上走得太远。人类大脑的一个重要特征是它的自学能力和可塑性，大脑的运转并不像是一个封闭的系统。因此，虽然我们的代谢机制、生长模式、发育和繁殖缺乏可塑性，但我们的大脑并非如此，并不是人类行为的所有方面都能被纯粹地看作对石器时代的环境作出的反应。我们赞成这种观点，即"进化适应性产生的环境"这个概念虽然过于夸张，过于简单化，但是，它却说明了一点——要了解现代人类，必须要考虑我们是如何进化的以及受到了哪些限制。

食物和耕作

我们的祖先作为狩猎采集者生活在非洲，其食物的主要来源有两个：一是采集坚果、水果、种子或植物的块茎，二是狩猎。人们对旧石器时代的食物构成有许多推测，但显然在许多方面它与现代饮食结构有很大的差别。由于旧石器时代的食物没有那么精细，所以食物纤维素含量很高，而升糖指数（即快速提高血糖的能力）却要低得多。野生蜂蜜是浓缩糖的唯一来源，而且糖在我们祖先的饮食中并不重要。此外，他们的饮食中包含脂肪酸、含量更高的蛋白质以及更低的盐分，但钾的含量却很高。那时没有牛奶、黄油或奶酪，通常来说动物肉的脂肪含量也比现在的要少得多。狩猎采集者根据可以获得的食物量分散生活，他们可以对环境作出适当的选择。没有化石证据表明他们长期营养不良，事实正好相反，从头骨获得的数据表明，他们的身高已达到或接近现代人的高度。

随着海平面的上升，地球表面发生了巨大的变化。同时，南北两个温带的扩大也改变了植被的分布。大约 1.15 万年前，最后一次冰川期结束了。温带和热带森林的面积也随之扩大。对于人类这一物种来说，这标志着"强化"时期的开始。不是人类从所处的环境中带走他们能够带走的东西，然后继续前进，而是他们开始运用技术，从一个静态的环境中提取出越来越多的东西。动物的家养和农业在各个时期以及不同地区发展方式不尽相同。大约 1.1 万年前，富饶的新月地区（从累范特到底格里斯河和幼发拉底河）就出现了农业，而非洲地区直到 6 000 年前～4 000 年前才开始发展农业，澳大利亚的农业直到很久以后通过与欧洲殖民者的接触才开始发展。

正如贾雷德·戴蒙德（Jared Diamond）在《枪炮、病菌与钢铁》(*Guns, Germs, and Steel*) 一书中描述的那样，生物地理因素，尤其是当地的植被以及较大的野生物种的特性，决定了不同地区的农业采取了特殊的发展方式。冰川期末期，气候变化导致了植被的巨大改变，动物的分布也随之发生了重大的变化。随着森林面积的扩大，较小的物种取代了欧亚大草原的大型食草类动物，这使得狩猎变得更加困难，但却促进了畜牧业的发展。在富饶的新月地区，气候和植被的变化也使搜集食物变得更加困难，而这种变化却有利于从大约 1.1 万年前开始的农业的发展。

经过选择，人们开始种植植物，并驯养了许多野生动物，这种有意识或无意识的人工选择使大量的动物和粮食作物得到了发展。一般来说，被驯养的动物比其同类的野生动物要小。被选择的植物发芽早，并且其种子表皮较薄，个头较大。有趣的是，我们在前面已经提到过的贝尔耶夫对西伯利亚银狐进行驯化的实验表明，这种选择揭示出潜在的基因和显型变异。这些变异也许已经构成了农业发展的一个重要组成部分。

是什么导致了旧石器时代的社会向农业社会的转变呢？值得注意的是，这种转变至少在世界的不同地方单独地发生了 9 次，而后又从这些不同的地点传播开来。显然，即便当地具有农业方面的知识，也不是所有的社区都会转向农业，游猎者和种植庄稼的人在亚洲各地同时存在。人口膨胀与气候变化的共同作用可能是农业发展的主要推动力。旧石器时代，一些食物充足的、更加富裕的游猎社区不必经常迁移，它们已经显示出暂时定居的某种形式，例如，在大约 2 万年前，乌克兰猛犸猎人的临时村子里有储存肉的地方。技术的发展，例如更好的鱼钩、矛头、收割野生谷物的刀刃以及动物诱捕器，使狩猎和搜寻粮草更加有效，因而有助于人口"强化"和定居。群体之间的物质交换也因此越来越多，贸易往来的开始甚至在交换地点首次出现了城镇，例如杰里科（Jericho）。

农业也改变了人类的饮食结构。随着更多的植物被挑选出来用以耕种，放牧使对牛奶这种食物来源的采集成为可能，人们还可以不断地食用到更肥的肉类。为了吸收牛奶，我们需要用肠内的乳糖酶来消化牛奶中的乳糖，但是，人们认为我们祖先不都具有乳糖酶，所以至少在最初他们不能适应这种食物。虽然其他种群中的乳糖酶要少一些，但现在我们在整个欧洲人种中发现了这种乳糖酶。这表明，在那些畜牧的人口中，体内具有乳糖酶的人被积极地选择出来，他们饲养奶牛、绵羊和山羊，食用牛奶、黄油和奶酪。与之矛盾的是，现在我们已经逐渐把乳糖酶缺乏（lactase deficiency）看作一种不正常的情况。

但是，畜牧的发展有其不利因素。放牧和家养使人类与动物和鼠害的关系更加密切，因此感染疾病的危险也更大。许多由病毒引起的疾病（例如流感）以及一些寄生物病和细菌疾病，例如钩端螺旋体病（leptospirosis）和沙门氏菌病（salmonella），都源于家养动物寄主，这些病毒通常都是动物种群和鸟群中所特有的，而病毒在它们身上却没有任何症状。但是，1918 年、1957 年以及 1968 年暴发的世界范围内的流行性感冒告诉我们，一旦病毒找到了感染人类的方式，侵入到我们的免疫防御系统，将会造成灾难性的后果。据估计，1918 年暴发的大瘟疫中，全世界有 2 000 万～4 000 万人丧生，这一死亡人数要远远超过此前不久发生的第一次世界大战。最近，H5N1 型病毒引起的人禽流感病例在中国暴发，这些病例表明，病毒仍旧是人类健康生活的大敌。禽流感是最新的传染病，它的暴发反映出流感病毒与人类之间为争夺繁殖适切性而进行的斗争。然而，这个事件还反映了我们生活的另外一个方面，我们的免疫系统在这个更加干净的现代世界中缺少这样的威胁，因为我们已经适应了与某些较高级的细菌性病原体（bacterial pathogen）形式共同生存，这在一定程度上也许能够解释哮喘和过敏症的发生率（尤其是孩子患病的发生率）不断升高的原因。

乡村和城镇

农业的发展促使社会结构发生了巨变，乡村出现了，随后城镇和城市也相继产生，人们之间的联系变得比以往（即狩猎采集者或游牧社会）任何时候都要密切。很多所谓的发展中世界在殖民地化之前仍然保留着狩猎采集者或游牧的生活方式，越来越密集的人口、网络化的集体学习以及高度分化的技能赋予殖民者技术上的优势，并使他们在技术上对其他人（即他们通常所说的"原始人"）进行统治。

首先，我们要看定居是如何成为这些人的主要生活方式的。定居需要建造更多永久的住所，这样，更多的人聚居在一起。随着聚居的规模越来越大，社会技能开始出现了分化。不是每一个人都需要做所有的事情，有些人可以织布，有些人可以制造工具，其他人则可以照料庄稼。当庄稼收成好时，人口增长十分迅速。而在收成不好的年头里，定居又使搬家变得十分困难。

通常人们认为狩猎采集者过着饥饱参半的生活，但是现有数据表明，他们不仅非常的健康，而且其饮食和生活方式也相当稳定。原始耕种者的情况却不是这样，在庄稼收成不好的年头里，居住在人口密度较高的定居点的人们生活其实十分艰苦。更糟的是，疾病削弱了他们应对恶劣生存环境的能力，已经定居下来的人们不可能再像狩猎采集者那样离开聚居地寻找食物。他们陷入了困境。

随着定居规模的扩大以及分工的进一步发展，社会阶层开始形成。带有等级制度的权力机构也得到了发展，并进一步促进了技能的专业化：国王、士兵、作者、商人、工具制造者、牧师、织布者等等。专业化使生活在更大规模的网络化社区中成为一种需要。举个例子来说，某个人以制作罐子为职业是没有任何意义的，除非某一具有相当规模的社区对罐子有足够的需求量。而罐子的制作者也要依靠其他专业人士来维持生意，例如也许会需要颜料的提供者来装饰他的罐子，或者需要某个人把罐子带到市场上去销售。这样，专业化的劳动者之间简单的相互依赖关系就建立起来了。同时我们还会发现当社会越来越复杂时，以货易货——"如果你既为你自己的牛挤奶，也为我的牛挤奶，那么我就为你制作罐子"——变得越来越不切实际了。大约 4 000 年前，在远古社会的城市出现的时候，人们开始使用金属代币作为储存在谷仓中的谷物的收据，这就是现代货币的雏形。同时，书写作为一种记账方式在很大程度上得到了发展。这些城市，尤其那些贸易较发达的地区，大多位于战略要地，因此，当专业化和社会结构不断发展时，贸易成为其经济的重要组成部分。同时，文化交流和物质交流的能力随着网络化的发展也越来越强，这种知识交流促进了社区的集体学习，而社区的集体学习反过来又促进了技术的进步。

城市生活

城市的发展速度非常惊人。根据人口调查记录以及居民对谷物和水的需求的记录显示，罗马的总人口数在公元前 1 世纪就已经接近 50 万，到公元 4 世纪时已经增加了 150 万。有些罗马居民居住的房屋带有小花园和水池，还有很多奴隶侍奉他们的生活，这使我们联想到现代装修过的房子。但是这样的房屋可能只有 1 000 个左右，其余的居民都住在城市和市郊的约 5 万个"住宅屋区"（也被称为罗马公寓楼）中。这里，一家人往往挤在十分狭小的空间里生活，卫生条件也很差。这与如今很多城市中的陋巷没有多大差别。较低的楼层通常是商店、酒馆或者储藏室。这些建筑物经常倒塌，发生火灾和传染疾病的概率也很大。

考古学家对古罗马的排水系统赞赏有加。这一排水系统最初建造于公元前 6 世纪，其规模随着城市的发展逐渐扩大。但对城镇中的穷人来说，供水和排水系统并没有与他们的"住宅屋区"相连，一楼以上也几乎没有任何卫生设备。富人们的家中也许有抽水马桶，甚至马桶可能还会有清洁用的导水管，但这在那时还很少见。其他市民还只能使用公用的厕所和洗浴设施，这些设施有时被设置在街角，无疑这里是疾病传播的温床。大街上时常会有未经处理的污水甚至是尸体。传说有一天，维斯帕西安大帝（Vespasian）正在用早餐，一只狗从街上带回一只人手，并把它放在了餐桌下面。这件事引起了很多议论，有人说它是吉祥的预兆，有人却说不是。

可见，城市中的生活改变了人类的生存状况。人类与动物生活在一起，拥挤的状况使感染疾病的概率增大，卫生状况也很糟糕。

111

在罗马，有时一家人只能挤在面积大约 10 平方米的房间里。当粮食的收成不好时，食物供应变得更不稳定。据记载，古希腊和古罗马确实多次发生饥荒。由于人口多而瘦肉、鱼、水果和蔬菜的供给少，人们的饮食失去了平衡，碳水化合物摄入量开始增加。有明显的证据表明，当时的居民身体健康不断地受到损害，成年人的身材开始变小，这说明他们在儿童期受到了传染病和营养不良的影响。过去，智人运用聪明才智发展技术，改变其生存环境。如今，改变了的环境却危害到我们的健康，并且这种改变已经超出我们的生理可以应对的范围。在这样的环境中，我们虽依然能够繁育后代，但是为这种错位所付出的代价却越来越高。

随着定居点的发展，出现了有组织的管理机构（和收税官）以及制度化的宗教仪式。正式婚礼的制度（即使不一定是一夫一妻制）很可能就出现在这一时期。

世界各地的城镇人口继续增长。举个例子来说，从公元 10 世纪～ 14 世纪中期，黑死病暴发前，欧洲人口从 3 000 万增长到大约 7 000 万。黑死病暴发后，人口急剧下降约 25%。令人惊讶的是，单单是技术创新就使人口的快速增长成为可能。例如，从 11 世纪开始，农作物种植和轮作制度普遍从"两地"变成了"三地"。也就是说，过去人们将可以耕种的土地分为两块，一半用于种植农作物，而另一半作为休耕地，一年后再恢复耕种。而现在，人们每次只留下 1/3 的土地作为休耕地。过去每年只有一半的土地生产农作物，而现在却增加到了 2/3。显然，这是一个巨大的进步，但是对劳动力和专业化贸易的需求也在增加，例如金属工匠和木匠。由于急需铁制的农具，采矿业也变得越来越重要。

这一时期，很多人的生活条件和工作条件都非常差。11 世纪，大约有 10% ～ 30% 的劳动力是奴隶，他们当然渴望自由。随着一个更加封建的制度的出现，很多奴隶离开原来居住的地区，到别处开拓新的村落。如今，他们是农奴而不再是奴隶，作为契约工工作或向他们的雇主交纳什一税，然而我们不确定他们的工作条件是否有所改善。很多农奴愿意到城市生活，因为在这里他们第一次得到真正意义上的工资和合法的地位。有句古谚语概括了当时的农奴的心情——"城镇的空气使我们感觉到自由"。我们对他们呼吸的空气质量和令他们感到自由的环境了解甚少，用今天的标准来衡量，那里似乎是令人恐怖的贫民窟。然而，在中世纪，土地持续扩张，人口不断地迁居到乡镇和城市中。据历史资料记载，当时人们建设了销售专业化器皿的市场，同时还建起了民用房屋，例如教堂、行会会馆、监狱，甚至还有医院。市内地区的交通，尤其是在集市日，看起来一定与现如今交通堵塞的城市一样拥挤。

艰难时世

查尔斯·狄更斯（Charles Dickens）于 1854 年创作了小说《艰难时世》（*Hard Times*）。他把故事背景设置在一个虚构的、维多利亚时代的工业城镇"焦煤镇"（Coketown）。从工人们小屋的烟囱中冒出滚滚的黑烟，烟尘布满鹅卵石铺成的街道，甚至是仅有的几棵树也没有使烟尘减轻。事实上，把那时肮脏的住宅叫做"小屋"似乎贴切地反映了当时的经济，如今的房地产商也许会为今天人们居住状况的改变而感到自豪。当时，大多数家庭并不是住在独栋房子里，而是住在其中的一两个房间，与其他家庭共用一个院子。这些工人已经把家从农村搬到了城市。一方面是由于农业生产状况差，契约工生活窘迫，另一方面是由于他们确实认为城市的生活会更好。

一个家庭里有 10 个孩子是很正常的事情，因此，需要养活很多人就意味着工人阶级家庭的孩子们一旦具备了能力就必须出去工作（通常是 8 岁左右）。当学校教育成为一种义务教育时，家庭规模才开始变小，这使得生很多孩子的经济动机减少了。生活环境拥挤、卫生状况差、空气受到污染等因素导致了传染病的不断暴发。孩子的能量需求高，但是他们生存的环境中饮食条件很差，卡路里的平均摄入量仅为 2 200 卡，其中大多数的能量来自低质量的面包和动物脂肪。瘦肉、蔬菜和水果在每日的饮食中很少见——这与古罗马的情况一样。孩子和婴儿的死亡率都很高，人们的平均寿命在 30 ～ 35 岁之间。

在世界上的一些民族成为被殖民者以前，他们一直是小原始国家中的狩猎采集者、畜牧者或自给农民。他们的生活方式又如何呢？当他们的居住地被殖民者侵占时，他们的生活突然被打乱。事实表明他们与殖民者的首次接触是灾难性的，欧洲的传染病，例如麻疹和天花，夺去了很多人的生命。如果更大一些的原始帝国，例如阿兹特克帝国（Aztecs）不是被疾病毁掉的话，那么也是被枪和马这些军事上的优势迅速地摧毁掉的。这些种族面临的环境变化十分迅速而且造成了悲剧性的后果。从南非的狩猎采集者布须曼人（Bushman）到高度结构化的安第斯人都已经适应了在稳定的社会环境和自然环境中生活，现在却突然变成要经常面对营养不良、传染病、抢夺、有时是奴隶制度以及搬到截然不同的自然环境中生活。有些种族的精神信仰在时间和空间上仍与他们的土地联系紧密，例如澳大利亚土著人和毛利人。现在，他们却无法达到自我认同。在本书中，要大量地描写这些种族面临的快速的环境变化和情感变化是不可能也是不恰当的。经过 100 代人到 200 代人的发展，欧洲人已经经历并适应了环境的变化，但是这些被殖民者经历的环境变化只有 5 代人或少于 5 代人的时间。因而，他们在生理上的调整机会变得很小，很多这样的社会仍在为此付出代价。

近 代

18 世纪中期，大多数欧洲人民生活在水深火热之中。塞缪尔·约翰逊（Samuel Johnson）写道："很多人抱怨生活痛苦不堪，不得不承认我们确实经历了灾难。不论是好人、坏人、勤劳的人、懒惰的人、警觉的人或者心不在焉的人都同样受到了这场灾难的影响。"1759 年，愤世嫉俗者的典型代表伏尔泰（Voltaire）在他的小说中讽刺了庞格罗斯博士（Dr Pangloss）这个虚构的人物，批判了庞格罗斯博士所谓的"世间诸事的安排都是合理的，一切都和谐完美"。

那时的欧洲动荡不安。8.7 级的里斯本大地震以及随后发生的 3 次 13 米高的海啸巨浪带来了毁灭性的后果——3 万～ 7 万人在灾难中丧生。很多人是在 1755 年的万圣节当天去教堂时遇难的。这场灾难的发生似乎引起了对这种观念的质疑——"仁慈的神对人类有眷顾，他会照顾我们"。我们所处的世界正迅速发生着变化——启蒙运动的新观念不仅对宗教产生影响，对科学和社会结构也产生了影响。从那时起，世界加速向前发展，变化越来越快，越来越多的人不再听天由命，也不再向上帝赎罪（他们原以为这样会改变命运）。

18 世纪后期，启蒙运动逐渐在欧洲传播开来。美国和法国大革命成为政治变革的推动力，民主议会制度在整个欧洲逐渐兴起，个人权利和自由的观念深入人心。随着基督教在制度上的逐渐简化，并且在形式上更以个人为中心（例如循道宗教义，Methodism），某些宗教的发展呈多元化。不可知论和唯理论为更多的人所接受，逻辑分析的科学方法和思想日益得到发展。人们的文化程度不断提高，报纸和书籍通过传播知识对人性解放起到了辅助作用，尤其从扩张的殖民地带回来的信息使越来越多的人意识到世界更大。

19世纪中期，人们开始关注工业化城市日益恶劣的环境，这毕竟是科学和技术迅猛发展的一段时期。其他很多学科在这一时期也开始发展起来——从人类学到社会学、心理学。在这一时期，大英帝国的精神表明：没有战胜不了的挑战，世界上没有我们不能探索和征服的地方，人类能够把任何地方改造成适宜居住的舒适区。在城市中，劳动者日夜劳作，生产出了大英帝国赖以生存的产品，因此，我们为什么不改善这些城市中的家庭环境呢？

其中，一些棉花和羊毛制造厂的厂长开始关心工人们的境况。他们试图为工人们提供基础教育和卫生保健，限制他们喝杜松子酒（这是最简单的解闷的方式），建造小教堂使他们的灵魂得到解脱。一直到19世纪中期，某些城市（例如格拉斯哥）才开始真正地强调改善公众健康。1863年，威廉·盖尔德纳爵士（Sir William Gairdner，1829～1887）被任命为格拉斯哥的卫生干事。他改造了城市的卫生系统，并对同时居住在一个房子中的人数作出限制。成立于1866年的格拉斯哥改良信托局（the Glasgow City Improvement Trust）承诺要清理陋巷，扩宽街道。所有这些都在往好的方向发展。但不是所有的地方都能作出这样的改变，而且这些改变也曾招致批评。

政府逐渐意识到他们的责任——工会在推动这种变化的过程中起到了至关重要的作用。经过了两次世界大战（其间经历了一次经济萧条期），这种意识达到了顶点，经历了这段时期的工人其生活远没有上层社会好。20 世纪中期，福利制度在西方各个民主国家建立起来，政府也强调对不同家庭出身的儿童提供平等的教育机会。他们使更多人享受到了卫生保健（在多数情况下都是免费的），并努力改善营养状况，例如为学童提供免费牛奶。战后在一些社会中，如英国及很多欧洲国家、加拿大和澳大利亚，儿童的发育和健康在 30 年内有了极大的改善。

儿童期的发育状况以及成年后的身高是社会条件，尤其是营养状况良好与否的一个标志。19 世纪中期，工人阶级的成年男性的平均身高要比中产阶级和上层社会成年男性的平均身高矮 13 厘米左右——这种差别现在已经消失了。20 世纪，工业化国家的国民身高增长很快——直到最近在诸如瑞典和荷兰这样的国家中这种增长才有所减缓。例如，年轻的荷兰男性的平均身高从 1900 年的 168 厘米增长到 1997 年的 184 厘米。

经过观察发现，20 世纪早期，从欧洲比较贫困的地区（例如意大利南部）移居到美国的儿童，他们的发育发生了巨大的变化。博厄斯（Boas）注意到，这些孩子成年后比他们的父母高很多，这反映出北美的营养和卫生保健的状况与儿时生活在欧洲的他们父母的状况之间存在着巨大的差异。当人们从发展中国家移居到发达国家时，我们仍然会看到发育的巨大差异。

更加健康

萨满巫师带着他的法器——铜锣和手杖、响器、指铃、面罩、占卜木刻板和剑，来到病人的住处。他准备好一个祭坛，点亮一根蜡烛，用面罩把脸蒙上，戴上指铃。病人的家属与萨满巫师进行协商，下跪哀求他施法，巫师同意了。在仪式进行的过程中，他不能与病人直接交流，因为他已经进入到了另一个世界，正与引起疾病的妖魔协商，因此敲铜锣的人必须传达他的信息。萨满巫师对病症作出诊断，然后开始唱起了仪式的诵经，以减轻病痛的折磨。作为对神灵的回报，要宰杀动物献给神灵。

这个场景是在新石器时代后期发生的吗？事实上，这是在21世纪初期美国市郊一个普通人的家中。当苗族人（Hmong people）作为越战的难民从东南亚来到美国时，他们带来了一种文化——强调萨满巫师在治疗方面的作用。这些病痛本身不是身体上的，而是与病症相关的心理和情感上的痛苦，这是人类的一种基本需求。

医学发展的初期与宗教信仰的发展有很大关系。治病的神灵成为原始医药的一个重点，而他们的祭司则变成了原始医药的供应者。信仰和治愈病人联系在了一起，很久之后医学才有了科学基础。尽管如此，我们可以假定旧石器时代的人类把各种各样的植物当做药物来使用，其中很多药物在经过反复试验后被发现可能具有某种功效。他们有一部丰富的、天然药物的宝典，可以从中选择药物。例如，柳皮中含有水杨酸（salicylic acid）和阿司匹林这一有效成分，很多年来，欧洲人用它来减缓疼痛或退烧。罂粟种子的提取物中含有鸦片，把它作为一种镇痛剂来使用也有很长一段历史了。产自南美洲的金鸡纳树的树皮中含有金鸡纳霜（奎宁），美洲本土人把它用作一种肌肉松弛药。很长时间以后，它才作为一种有效的抗疟药得到人们的使用。很多这样的药物已经经历了数代的传承，并在很多社会中构成了"传统"药学的基础。最近的野外观察资料已经表明，甚至是黑猩猩也会把各种植物当做药物来使用。

现代医学和公共卫生的发展已经对人类的健康和寿命产生了

巨大的影响（至少是在发达国家里）。我们现在已经攻克了很多传染疾病——肺结核和小儿麻痹症（仅以这两种病为例），20世纪早期，这两种传染病夺去了很多人的生命。1943年，在抗生素（例如链霉素）发现以前，英国每年都有2.5万多人死于肺结核。1955年，当有效的小儿麻痹症的疫苗被研发并广泛使用时，很多医院的很多带有"铁肺"（iron lung）的病房中，得小儿麻痹症的病人几乎一夜之间就都出院了。现在，在发达社会中的人类比以往任何时候的人活得要更久一些——英国人的平均寿命在过去的30年里增长了10岁。如今，我们对癌症也有了更好的早期诊断检验，同时癌症的治疗方法发展得也很迅速，除了更好的靶标抗癌药物和放射疗法（targeted chemo-and radiotherapy），也许不久我们就会研制出某种形式的抗癌疫苗。尽管流行性病毒传染病（例如SARS、禽流感）依然严重威胁着人类，但我们已经有了更好的抗病毒药物，并能够快速地生产和发送对抗新病毒变种的有效疫苗。

很多流行病学的例子强调了日常生活环境在引起疾病方面的重要性。维多利亚时期，在英国的布店里比在杂货店里得肺结核的危险性更大，这可能是由于布店的门一直紧闭，用放在墙壁凹进处的煤气灯照亮货物。在更大的范围内，随着对城市环境的治理，我们越来越少发现慢性呼吸传染病的病例。而这些传染病在50年前会给人们造成很大的痛苦。现在，不仅街道上的空气更加清新（当然不是伦敦的雾或洛杉矶的烟雾），而且我们的家、办公室、剧院和购物商场也都通风良好。

随着供水和环境卫生的逐步改善，得急性肠道传染病的人越来越少。如今，这些疾病不会再威胁到美国人和英国人的生命。然而霍乱、伤寒、痢疾都曾是纽约、伦敦以及其他很多首都城市的地方病。现在，我们把这些疾病看作"热带地区的疾病"，这同样适用于由昆虫寄生物、蚊子、扁虱、跳蚤以及虱子传播的疾病。1897 年，罗纳德·罗斯爵士（Sir Ronald Ross）发现疟疾是通过蚊子传播的，从那时起到现在，我们在治疗和预防疟疾方面已经取得了很大的进步。尽管如此，疟疾仍然困扰着世界上的 3 亿人口，每年有 100 多万人死于此病。加入到杜松子酒中的奎宁以及深受 19 世纪帝国建立者喜爱的、令人精神振奋的烈酒，在一定程度上预防了由疟疾寄生物引起的症状。而现在，比尔·盖茨（Bill Gates）已经承诺将投资数百万美金用于研制抗疟疾的疫苗，我们与这种疾病斗争的历史又翻开了一个新的篇章。

医学上的进步大大延长了发达国家和很多发展中国家人们的寿命。同时，对生育的控制以及对家庭规模的预期也已经发生了改变。这又同时导致了很多社会在年龄结构上的变化。甚至在 100 年前，年龄金字塔（age pyramid）无疑是一个金字塔，没有几个人能活到老年（1 万年前它原本是一个矮得多的金字塔）。而如今，60 岁以上的人口比率有了显著提高，因此金字塔的形状也已经有所改变。社会结构正在从年轻化转变成老年化，支撑结构的问题以及谁应该赡养谁的问题都变得迫在眉睫。

生育革命

这本书主要阐述了进化、发育以及适应的生物学过程。如果生育在进化过程中起主要作用的话，我们有必要考虑一下生育行为是如何发生改变的。为此，我们必须将目光转向西方社会，因为人类行为的这个方面具有文化特殊性。最近，西方社会在生育行为方面有了很大的改变，这种改变是我们通过技术发展为自己作出的。经常有这样一种说法，妇女们为第一次世界大战和第二次世界大战贡献了力量，她们在其中所起的作用有助于妇女解放运动的兴起。第一次世界大战后的几年妇女获得了普选权，其社会地位和权力也不断提高。纵观 20 世纪，这一直是永恒不变的主题，甚至在西方也并没有完全实现。第二次世界大战后的几年，围绕着雇用权和控制生育权的问题，女权主义的浪潮再次兴起，而控制生育权的问题尤为重要。

各种形式的避孕方法已经存在了几个世纪。其中一些避孕方式的功效相当不可靠，安全性就更不必说了，而一直存在的流产这种方式对女性来说也不是没有风险。杀婴很可能是狩猎采集者的家庭管理中常见的一个部分，直到近代，在有些社会中这种情况依然存在。在这样的社会中，一个接一个地生孩子是不切实际的——母亲和她的其他几个孩子们都会受到损害。

避孕药的出现改变了一切，这种方式非常有效、安全（或者看起来似乎安全、有效），最重要的是它是由女性来控制的。如今，对于女性来说避孕药最终是切实有效的，她们根据对配偶的选择、自己的年龄、事业以及其他需要考虑的因素来掌握怀孕的时机。在某种程度上这导致了全球平均的家庭规模从每个女性生 4.9 个孩子下降到 2.8 个。在发达国家，这一数字已下降到两个以下。与此同时，女性首次怀孕的平均年龄已经增大，英国女性生育第一个孩子的平均年龄已经从 1971 年的 23.7 岁上升到 2004 年的 27.1 岁，超过 1/4 的女性在 35 岁前没有生过孩子。对于像中国这样的国家来说，通过立法严格控制家庭规模是合理的。为了自己，我们发展了高度制度化的社会，受孕过程和孩子的出生是当今高度制度化的社会的一个组成部分。

生育技术这门科学并没有止步于避孕方法的发展。它通过试管婴儿（in vitro fertilization）以及更精密的技术（例如胞浆内单精子注射，ICSI），为之前不能生育的夫妻怀孕提供了方法。胞浆内单精子注射这一技术是在显微镜下直接把精子注射到卵子中，并在移入精子前先对试管胎儿做遗传诊断。这是一个辅助生育技术的领域（有人会把它叫做产业）。如今，人类文化进化的这个方面把生育与达尔文的适切性截然分开。我们已经提供了延长和维持生命的医学方法，使寿命超过了100年前绝不可能达到的年龄。通过使用这些技术，我们同样能使具有或不具有生育能力的夫妻在发育期后的任何年龄怀孕。2005年，一位退休的罗马尼亚教授在66岁时产下一子。

过渡期

有必要在这里简要地说明一下人类历史上的一些关键时刻。我们集中谈谈几个主要的过渡期。首先是进化过渡到有技术能力、会思考、有文化、能够用语言（开始于大约5万年前的旧石器时代中期）交流的人类。第二个阶段是从狩猎采集者过渡到始于大约1万年前的农业者和定居者。这样的状况持续下去，逐步出现了城市化、复杂的权力等级制度。同时城市、国家和帝国也都逐渐发展了起来，这使个人地位、人们的健康以及应用到人类生活各个方面的技术都发生了巨大的改变。开始于大约250年前的农业和工业技术革命是第三个过渡期。第四个过渡期是由于启蒙运动以及对保护人类生存环境的重要性的深入认识。这个阶段某些方面的发展存在相似之处，在某些方面，这一直延续到20世纪的解放和人权运动——这些斗争至今仍未结束。最后，我们已经过渡到在具有快速信息传递系统的、高度网络化的世界推动下的社会。这种社会是以知识为动力的，我们不能忽略这个最近的过渡阶段。

这些过渡期中的每一个阶段都引起了由人类推动的、规模不小的环境变化，人类不得不面对这样的环境变化。从旧石器时代至今，这些由主要的环境变化产生的影响已经给我们的应对能力造成了越来越大的压力，我们身体的基本结构和大多数的生理机能由选择压力（这种选择压力从近代很久以前就存在）所决定，而这也决定着我们能否与现在的生活方式相匹配。

营养变化和社会变化一直相互交织在一起，所以我们很难把人类所面对的环境变化的各个部分分割开来。然而，为了突出这些由我们引起的环境难题的特殊方面，我们将在下一节中把环境变化的各个部分分开来谈。

营养和工作方式的转变

食物是我们唯一的能量来源，我们能通过多种途径把能量消耗掉，能量总量的 70% 多被我们用来维持身体的正常运转。举例来说，成年人的大脑消耗掉的能量占能量消耗总量的 20%（而大脑重量只占体重的不到 5%），新生儿的大脑消耗掉的能量占能量消耗总量的 60%。在修复身体的过程中，也要消耗不少的能量。正如我们在前面描述过的那样，老龄化的一个主要原理是：这一现象的发生是由于身体限制了其投入到修复上的能量，而把能量投入到身体的发育和繁殖上。消耗能量的另一种途径是体力劳动和锻炼。通常，这种能量消耗占我们日能量消耗总量的 20% ～ 30%，参加剧烈运动的人们会消耗更多的能量。生长、生育和哺乳都是能量消耗的额外形式和特殊形式。此外，被吸收的营养物质在新的组织中被保留下来，或者转移到胎儿和婴儿体内使其能够继续发育。

因此，总而言之，我们通过进食产生能量，然后又通过生长、身体运转、生育以及锻炼来把产生的能量消耗掉。任何多余的能量，主要以脂肪的形式被储存了起来，对于不同的食物来说，其产生能量的潜能是不同的，脂肪是高能量储备，而碳水化合物和蛋白质则是较低的能量储备。消化、吸收以及新陈代谢自身也会消耗掉能量。营养科学在很大程度上就是研究特定食物在特定情况下如何影响能量平衡。

随着我们对世界作出的改变，这种能量平衡也发生了巨大的转变。旧石器时代的食物蛋白质含量高，碳水化合物含量低，并且食物中的脂肪种类与现在也不同。但是，随着农业的发展，食物开始发生变化，劳动负荷也开始增加。定居使得很多人开始依赖于其他人，他们不再直接控制自己的食物供应，而是不得不从其他人那里购买或换取食物。干旱会引起周期性的饥荒，因此农业导致了食物安全性的降低。

与机耕有关的工业食品生产、包装和分配带来了农业上的第二次转变。这种转变也对"食物、能量平衡"产生了巨大的影响。20世纪，食品的营养价值不仅丰富了，而且其口味也更好了。高精糖被添加到食物中，它们的能量净值比传统的碳水化合物要高得多。传统的碳水化合物消化起来更慢，且需要消耗能量。饲养的动物作为一种食物供给被更多的利用起来，随后人们开始食用更高脂肪的食物。饲养的动物通常要比其野生的同类更肥，原因有两个：其一，它们在获取食物的过程中消耗的能量较少；其二，在经济利益的驱动下，农户们想方设法使动物的体重（通常是以脂肪的形式）快速增加。肥肉吃起来也更香——因此在日本，带有脂肪的五花牛肉很贵。快餐店的发展以及媒体对食物流行风向的影响（而不是均衡的营养）已经成为一辆失去控制的火车。毫无疑问，现在食物的质量已经与我们在进化过程中的绝大部分时期所食用的食物大不相同了。

在发达国家，这种变化逐渐增大。而在发展中国家，"营养转变"几乎是瞬间发生的。仅仅在60或90年前，很多这样的社会中的人们仍在食用工业革命前维持生命所需要的、最小限度的农业食品，甚至是狩猎采集者获取的食物。现在，这些人们接触到越来越多的西式食物。糖尿病在诸如印度等一些国家蔓延开来，快速的营养转变在其中起到了主要作用。甚至是在营养水平通常较低的撒哈拉以南的非洲，有证据表明在城市里肥胖症的患者也变得更多，贫穷的农村地区并没有出现这样的情况。诸如糖尿病这种"生活方式"疾病，其发生率正在不断攀升。

而我们的能量均衡等式的另一个方面正在发生着同样甚至更大的变化。如果我们消耗掉的能量比我们吸收的能量少，我们就会把多余的能量以脂肪的形式储存起来。在传统社会中，大多数人在食物采集方面都会发挥作用，而这样做就会消耗能量，对于狩猎者、畜牧者以及手工农业者来说情况确实是这样。随着乡镇和城市的发展，在社会阶层中占支配地位的人不参加体力劳动。但是，这样的人并不多，大多数人的能量消耗很可能仍然很高，也许他们的状况已经与狩猎采集者的状况截然不同，甚至比他们更加恶劣。

与对狩猎采集者的大众看法正好相反，他们很可能在白天消耗更多的能量，并没有把大量的时间花在狩猎或采集的活动上，而是花在了社会交往上。然而，随着工业革命的到来，出现了各种各样的"节能"技术——从机械平地器到机车。在大约短短的200年中，很多人的能量消耗急剧下降，我们为自己和家人获取食物的任务从能量消耗非常大减至最小。如今，我们可以利用互联网从超市订购食物，超市就会把食物送到家中。

汽车的发展与普及意味着交通工具使个人的能量消耗又减少了很多。尽管如此，地球上的能源利用一直处于巨大的增长阶段。显然，在过去的30年中，儿童肥胖症的出现与以下两个因素有关：第一，越来越多的人用开车取代了步行；第二，越来越多的人在闲暇时间里看电视、看录像，而不像以前那样经常参加体育活动。甚至在像印度这样的国家里，儿童肥胖症出现在那些不再走路或骑车上学的孩子身上。

社会的转变

事实上，我们只能推测旧石器时代人类所处的社会环境。在定居点发展之前，人类生活在不到150个社会群体中，每个群体可能只有20～50人。这些社会群体应该是大家庭群体，而这也一直是我们人类取得成功的重要组成部分。举例来说，有证据表明在外祖母与孩子、孩子的母亲生活在一起的家庭中，孩子的存活率更高。因为外祖母能够帮助照顾孩子、做饭、给孩子喂食，还能向孩子的母亲传授一些基本的育儿技能。群体与群体之间偶尔才会结合在一起，也许是由于贸易的原因，同时也是为了避免近亲繁殖。

随着定居点的发展，更多的人有了直接接触的机会。生活在城市里的人开始与成百上千个人联系。开始时人们生活在一个小小的部落里，个人角色和人际关系一目了然，权力等级制度也十分简单。后来，人类生活在复杂的、网络化的社会结构中，在这样的社会里，角色被进一步划分、分类，同时出现了错综复杂的权力和管理阶层。更近一段时期，随着核心家庭的出现，从社会支持网络（social support network）中独立出来的危险性增大了，更多的人迷惑于令人困惑的规则和决策过程。

在旧石器时代，技术变化的速度最慢。而在新石器时代，起初变化速度也很慢，但是当知识网络不断扩大，定居点变得更有组织性，这种变化的速度开始加快。在古希腊、埃及、波斯、中国以及随后的中美洲，数学、哲学和工程学有了巨大的进步。欧洲文艺复兴后期的科学革命推动了科学和技术的发展（马上就能想到的人就有伽利略、哥白尼、牛顿、莱布尼茨）。19 世纪，科学思想进一步加快了发展的速度，以适应工业革命的技术需求。纵观 20 世纪，我们已经看到，技术的复杂性和技术的应用呈指数关系增长，这对我们的生活产生了直接的影响；在一个 30 年中，我们已经看到了喷气式飞机、火箭、计算机、互联网、电视、信用卡、传真机、微波炉以及核武器的问世。其中每一项新发明都需要我们去适应。

我们有多大能力适应一批接着一批涌现的新技术呢？这是个严肃的问题。乍一看我们似乎能够成功应对，但是想一下这本书的两个作者互相联系所需的时间吧。50 年前，我们之间的信件往来需要 12 周。随后航空信把往来时间缩短到两周。而后，只需要几分钟就可以把一个长文件传真到对方的手中。随着电子邮件的应用，我们几乎能即时接收到对方发送的整本书稿。如今，那些参与商业组织研究的人认识到电子邮件造成了一种即时反应需求，这种即时反应给雇员们带来了巨大的压力。

人类世界中的错位

人类与其他所有物种的区别在于：他们在不断地改造（通常是

127

有目的地）自己所处的自然环境和社会环境。我们在极其有限的方面利用我们所特有的思考能力、交际能力以及计划能力，并应用技术扩大我们可以居住的环境范围。当我们不再像游牧民一样生活时，我们开始利用技术来增加在特定的、稳定的环境中的人口密度。随着技术发展的进步，这种变化的速度已经越来越快。

纵观人类历史，作为一个物种，我们运用聪明才智和创造力，通过非常努力的工作，已经改善了我们的生存条件。温暖比寒冷好，饱足比饥饿好。今天死于疾病不如多活一年。走好几英里的路去采集几个坚果和浆果，不如悠闲地走到冰箱前准备一份三明治。今天的生活确实比过去要好得多，至少在发达国家是这样的，除非是最愤世嫉俗的人才会否认这个事实。自从我们从欧洲迁居出来，为了我们自己、为了家人和朋友甚至是我们所在的特定的社会（如果你愿意，把它叫做部落也可以），我们已经改善了人类的生存条件。

因此，我们开始设计出了种植食物、分配食物以及生产我们最喜欢的食品的复杂方式，并应用技术来减少大多数人每天消耗掉的体力劳动量。为了应对新环境，我们通过购买必需品发展了一套复杂的经济体系，这一体系使我们能够适应新的环境。我们还完善了疾病的预防和治疗措施，促进了社会结构的发展，使群体中身体虚弱成员的生命得到延续。我们探索生育技术，让每个有生育意愿的人都能生育。如今，在这个更加洁净、更加安全的世界里，大多数人的寿命都更长一些，我们有闲暇时间享受生活。但是，人类对环境的影响越来越显而易见。当波利尼西亚群岛随着海平面的上升消失时，当极地冰帽融化、冰川后退时，我们能够真正地反思我们是如何改变环境的。

　　通过利用技术，我们所做的每一次"改进"都进一步改变了我们不得不应对的环境。我们已经改变了营养环境、疾病环境和社会环境，我们的寿命更长一些。随着变化的程度加深、速度加快，我们不得不提出这样的问题——我们在生理方面的哪些限制可能被我们正在创造的环境超越了？而结果又是如何呢？我们生理的哪个方面还没有发生过变化，这个问题应该得到更大的关注。我们每个人都有两段历史——我们的进化历史和个人发育的历史。人类努力地使其在生理上与生存环境相匹配，我们在第二章和第三章中探讨过这两段历史。如果我们没有尽力去与环境相匹配，作为一个物种就不会存活到今天。但是，如今我们自己已经改变了环境——改变了环境的很多方面，而且改变的速度非常快。当把灌溉引用到卡努里人更传统的农耕作业中去时，他们也被迫要面临许多健康和社会问题。也许世界上的很多人都会面临这样的问题，只是方面不同而已，但都很重要。我们努力使事情往好的方向发展，而我们已经与我们的环境越来越不匹配了。情况会是这样的吗？

第五章

过去的生活制约了我们

时间观

历史学和生物学采取的不是一个时间标尺。进化生物学家从数万年（如果不是数百万年）的角度来考虑问题，考古学家从数千年的角度来考虑问题，遗传学家从几代人的角度来考虑问题，而医生和传记作家则从人的一生的角度来考虑问题。错位范例告诉我们：我们不能摆脱掉进化和发育的生物学历史，它一直提醒着我们，进化和发育所在的环境范围可能与我们现在所处的环境截然不同。

随着人类这一物种的进化并散布到世界各地，我们所有的基因都形成了。我们的祖先面临着各种各样的自然环境的挑战，同时也要面对他们自身对这些环境的影响。这些因素又反过来影响着他们的食物来源、与疾病的接触以及社会分工和社会结构。当我们的母亲还是一个胚胎时，离我们个人旅行的更近部分便开始了。卵子必然使我们在母亲的一个正在发育着的卵巢内成形，而这时她却仍在我们外祖母的子宫内。我们已经发现了卵子的环境是如何对我们产生影响的。卵子被受精，然后我们的母亲长大了，她又孕育了我们，为我们创造了一个生长环境。在我们出生以后，其他因素在很多方面对我们的生理产生了影响。这些来自我们过去生活的环境信息，制约了我们现在的生理状况。

也许，我们希望能做任何想做的事情，但是最终我们都意识到在生活中情况并非如此，我们受到了很多的制约。事实上，每个人都会在经济方面受到极大的限制，这种限制阻止了我们的美梦，例如买一座岛屿或拥有一架私人喷气式飞机。而社会因素制约着我们的行为，我们的性道德由我们所在的社会所决定。我们的家人、朋友、工作以及社会结构限制了我们的情感和其他一些方面。我们清楚地知道生物学上存在制约，但是仍缺乏对它的深刻理解，这种制约使我们不能长生不老。正如我们既继承了经济上的也继承了社会上的机遇与制约一样，正是过去各种各样的生活为我们的发育创造了挑战，制约了健康生活的方式。我们已经在前面 3 个章节中暗示了这些制约的存在。在探讨这本书的第二个部分（这种不匹配的结果是如何影响我们的生活的）之前，先让我们把这些制约阐述得更详细些，并把我们的想法集合起来。出于方便，我们把这些制约因素分开来考虑，而它们其实是像一段绳子的几股一样交织在一起。

第一股：进化的制约

为了使生物与它所在的环境范围相匹配，进化的基本过程开始了。通过对赋予了生殖和生存优势的特点进行选择，进化过程开始运转。基因库的变异是进化过程的关键，突变过程又推动了基因库的发展。但是，选择什么样的变异是受到限制的，有些基因变化会妨碍生物基本的身体活动，甚至会威胁到生命。还有很多其他的突变产生的影响具有隐蔽性，我们观察不到其产生的效果。尽管如此，我们可以在不同的环境中发现突变的外在表现。任何一种变化产生的效果可能都会受到生物体结构特点的限制，控制其他基因表达的基因可能也会发生基因突变。这可以帮助我们理解一个基因中发生的变化是如何在身体结构、功能以及行为方面引起一系列相应的调整的。

　　我们逐渐认识到，选择是生物为适应环境变化而改变其某一特点的能力，对于这个特点本身来说不一定需要很多选择。举个例子来说，虽然所有的鱼都是从大约4亿年前一个共同的祖先进化而来，但是有些鱼适合生活在咸水中，而有些鱼适合生活在淡水中。所有的鱼都必须持续保持它们内在结构的稳定，否则就会死去。因此，生活在海水中的鱼与那些生活在淡水中的鱼具有截然不同的盐、水调控设置点。但是与其他鱼相比，有些鱼能适应更大范围的水含盐量的变化（某种大马哈鱼和鳝鱼能从淡水迁徙到咸水中，还能从咸水再迁徙回来）。这些鱼与那些只能在咸水或只能在淡水中生活的鱼相比，具有在更大范围内调控盐、水平衡的能力。它们一定是通过对这种能力的选择来进化的。经过这些过程，所有物种开始与环境范围相匹配。对于某些（特化）物种来说，其可以适应的范围极其有限，而对于其他一些（泛化）物种来说，这一范围要更大一些。

　　通过漫长的进化，人类已经形成了某些特定的特征，其中包括较大的脑部、计划能力、交际能力以及使用技术的能力。由于我们具有改变环境的能力，因此我们最终成为泛化物种。但是即便如此，我们的适应范围还是很有限的，这些限制是在我们的进化过程中确立起来的。而我们为自己不断创造的环境却是不同的，如果我们生活在夏威夷，拥有一个装满夏季衣服的衣橱是一件再好不过的事情；而如果我们发现自己生活在安克雷奇（Anchorage），这样一个衣橱就相当令人头疼。选择也是这样——它为我们提供了全套服装，使我们能在各种各样的环境中生活，繁衍后代。但是，在不同的时间、不同的环境下要选择不同的衣橱。

　　因此，人类的特点是：与其他任何一个物种相比，他们具有更强的控制环境的能力。随着技术大爆炸，这种能力逐渐增强，而核时代和电子时代的到来更是极大地增强了人类这种控制环境的能力。环境越来越受到人类的控制，因而通过进化选择作出回应的需要越来越少。人类物种不必再改变其基因库以适应环境，而是开始改变环境使其与他的基因库相匹配，我们不必再依赖于我们的生态内衣，使我们的生活与环境相匹配。我们开始购物，去买新的外衣，这并不意味着进化过程不再存在，只是购物成为一种更好的方式（现在，购物仍然是可取的方式——去问问我们的女儿）。

达尔文的人类进化论的潜在性依然存在。人类基因组的分子研究表明，在过去的 1 万年中，某些基因的 DNA 序列的确发生了改变，并且根据报告，其中有些发生改变的基因与营养和新陈代谢有关。但是，如果这反映了自然选择，那么这种改变中有很大一部分很可能与从狩猎采集者到几千年前的畜牧业和定居点的生活方式的变迁有关，而不是由于最近发生的事情。在我们更近的历史中，很多压力确实已经得到了缓解，以前这些压力会在人类中引发自然选择。

如今，没有几个人类群体被真正地隔离开。一般来说，我们会通过操纵环境来应对环境中的变化——从宇航服到住房、衣服，到医疗技术和药物，甚至到食品辅助，这些都是我们用来改变环境的手段。通过允许大多数想生育的人生育（至少在西方国家是这样）这种方法，我们极大地改变了生育适切性。人类进化持续进行，但是我们的介入在很多方面抑制了它的发展。而现在，在我们对传染病作出的回应中的选择压力很可能与一直以来存在的选择压力同样重要。这些选择压力只是被改变到了这种程度——医学治疗能够使那些本来会死去的人们存活下来。患流行病的危险依然很大，正如对最近发生的禽流感的担忧所证明的那样。就我们所知，谁能在下一次大范围的流行病爆发后存活下来完全是由基因所决定的，正如艾滋病。如果病毒的影响力足够大，大批年轻人或处于生育年龄的人就会丧生，那么流行病就能改变基因库——进化就开始了。举个例子，"核冬天"或者全球变暖可能会带来新的难题。只有几个具有恰当显型的人才能在这种情况下存活下来。

确实有证据表明我们与传染病抗争的能力已经塑造了人类基因库的进化方式。镰状细胞贫血症是由血红蛋白结构中的基因变异引起的一种疾病，血红蛋白是我们血红细胞中携带氧气的蛋白质。如果一个人有两个血红蛋白基因的异常副本，这两个副本会使其血细胞的质量出现重大问题，它们会受到严重的贫血症以及由其引起的并发症的影响。然而奇怪的是，如果一个人只有一个异常基因的副本，他就会对疟疾有更强的抵抗力。有人认为这是以下这种现象引发的：在疟疾肆虐的撒哈拉以南地区，人们的基因库中经常会发生引起镰状细胞特性的突变。大约8%的非洲裔美国人携带异常基因的一个副本，他们是镰状细胞病毒的携带者。

因此，并不像它有时表现的那样，人类的进化并没有终结。事实上，如何管理我们的环境（而不是我们基因库中的变化），无疑将决定着我们可以预见的未来。这从根本上制约了摆在我们面前的事情。

第二股：设计约束条件

获得发育可塑性的工具是我们进化遗传的一部分，这些工具使我们调整了发育轨迹，进而调整了从早期生命开始的生活史策略。显然，要成功地生活在这个星球上就必须具备这种能力，而且很多生物（从单细胞的到最复杂的植物和动物）确实具有"可塑工具箱"。描述这种特殊工具箱的重要性以及我们如何运用与其有关的知识以便在将来具有优势，是本书创作的主要动机。

发育可塑性使我们能够适应的环境范围得到了扩大，它主要由一个传感器和一个应答器两部分构成。它就像用来检测超速驾驶员的一部警用雷达测速器，当我们经过传感器时，警察就会检测出驾驶的速度，随后他向应答器发出信息说："开罚单！"应答器可能就是当地的警局，从那里开出一张超速罚单并通过邮局邮寄出去，甚至还有一种可能——另一名警察驾驶摩托车沿路追上我们。因为发育可塑性与环境中的所有可能影响到生活和繁育成功的因素有关，并且还与生物体必须努力去做的事情有关，所以我们的环境传感器必须以多种形式发挥作用。这些环境因素包括：对食物的竞争、来自其他物种的捕食者的威胁、物种内部为争夺食物和性伴侣而发生的冲突等等。我们的生态应答器也一定很复杂，它依赖于由传感器所作出的评价系统，正如对速度探测器与烟雾探测器作出的反应是截然不同的。产生的应答能够立即或在随后发挥作用，因此这种应答系统在生物学上的构造更加复杂。

但是，发育可塑性有一个特殊的并且很重要的特点——对于大多数器官来说，发育可塑性基本上是不可逆转的，一旦我们选择了一种路径就不能再改变，这是一种非常重要的制约。举例来说，肾单位——肾元在胚胎期就确定了，其数量受到来自母体的营养因素与潜在的荷尔蒙因素的影响，如果肾脏在生命后期出现损坏，其中每一个肾元都有可能尽力增强其功能。尽管如此，新的肾元不会再形成了。再比方说，大脑这一器官是由某些部分构成的，这些部分一定会受到发育可塑性以及其他在一生中相对来说易受影响的因素的影响。大部分脑细胞的位置和数量在胎儿期也已经确定下来了，但是神经元的数量却比实际需要多。很多神经元死亡了，而其他一些存活下来的神经元要依赖于它们在神经网络中的连通性和活跃性。举例来说，在生命初期的 3 ～ 6 周中的一个关键期内，把小猫崽的一只眼睛遮起来，使其在发育过程中没有对视觉路径的刺激。这样就改变了大脑中形成的连通性的样式，并且使小猫具有永久性单眼视力。这一发现使大卫·休伯（David Hubel）和托斯登·威塞尔（Torsten Weisel）获得了 1981 年的诺贝尔生理学或医学奖。相比之下，学习是可塑性的一种形式，它在生命早期具有更强的能力，这种能力能够持续一生，达到一定程度。与中年人相比，年轻人学习弹钢琴或学习一门新的语言要快得多，然而即便是年龄更大一些的人也能多少学会这些技能。

生物可以通过改变结构或功能，或者既改变结构又改变功能来调节发育可塑性，其中很多改变又依赖于 DNA 的由环境诱导的表观遗传修饰，并进而改变基因表达。尽管还有更多的制约，但无论作出了什么样的与环境有关的发育回应，生物体中的变化一定能持续下去。如果蝌蚪能发育出一条短尾巴或一条长尾巴，那么不论是短尾巴还是长尾巴都必须使它能够游动和进食，能够与将来变成一只青蛙相适应。对作出的所有可行性选择的需要构成了一种重要的设计约束条件。

发育过程中，应答特性所依赖的有效时间点决定了另一种约束条件。假如你正在建造一座房子，当你把房顶放上去时，你不能再回到当初，也不能再改变地基的形状。而且只有在墙体都建成后你才能把房顶放上去——因为房屋的建造是有一定顺序的，基本顺序不能做很大变动。事情的先后顺序在发育过程中也很重要——四肢一旦形成了就不能再被重新塑造，手完全形成后手指才能开始发育，等等。正如当墙体和天花板都各就其位，而要重新改造一座房屋的地基就要付出巨大的成本一样，要在一生中的各个方面重新获得无限的可塑性能力也需要在生理上付出相当大的代价（因而达到适切性）。细胞变得越不同、越特别，器官就会越复杂，生理学上的控制调节就更完整，生物体的组织就越健全。因此，对于生物体内的每个生理系统和每个组成部分来说，时间窗口期的存在是至关重要的。因为成本和有效的设计约束条件过高，所以可塑性在时间窗口期内发生，而在超出时间窗口期外的时间里则不能再作出改变。

而所有这些都表现出传感器正在正常运转。如果烟雾探测器出现了故障，听到错误的警报后我们从房屋中撤出，或者更糟糕的是，如果本应该发出的警报却没有发出，我们可能就会窒息。茧中的幼虫、卵中的胚胎，尤其是子宫里的胎儿，它们直接感知外界的能力非常有限，胎儿获得的与外界有关的所有信息几乎都是通过母体发出的信号得知的。母体充当了传感器并发出信号，胎儿对它们作出了间接地回应。然而，信息到达胎儿之前很容易出现问题，因此，胎儿作出的反应也许与环境信号不相称，进而引发某些不良后果。

我们已经间接表明了对一个环境信号作出的发育回应或是长期的，或是短期的。短期回应也许需要对继续发育的即刻威胁作出回应。长期回应使个体完善了其发育和生活史策略，使他在成年人之间进行的"食物和性"的游戏中拥有最好的机会。这些长期回应是稳定的、完整的——理解这一点非常重要。由于使用了工具箱，我们已经有所进化，这个工具箱使我们在发育早期能够调整我们的适应性反应，以便使它与我们预测的未来相匹配。生物进化的最终目标都是提高繁殖适切性，因此，如果我们预测将来的日子会很艰苦，那么我们经过进化能够使用一种策略——减少在生长、发育以及组织修复上的投入，并通过减少活动、促进以脂肪形式的能量储存来首先减少能量消耗。相反，如果我们预测将来的日子会比较轻松，就会选择这样一种策略——尽可能地生长并计划如何延长寿命。这是两种极端的情况，而我们处在这两个极端之间的哪个位置上，在一定程度上取决于作为一个胎儿我们是如何理解（或误解）母体所处的环境，以及如何利用这些信息来预测我们将来所处的环境。这就是匹配或者发育错位产生的根源。

在短期回应的利用中有一个重要问题——短期回应是否需要在未来的日子中付出代价呢？通常是要付出代价的。出生时婴儿的体形小，这可能是对恶劣的子宫环境作出的短期回应，在这样的环境中，营养供给非常有限。而出生时体形小的动物更容易死亡，在与同类物种的成员争夺食物中处于劣势，或者更易被其他捕食者捕食。在人类中，体形较小的婴儿更可能在出生前后的一段时间内死亡，我们在出生时体形越小就越有可能死亡。但是，问题不只出现在婴儿刚刚出生后，因为正如我们将要看到的，我们一生都要为此付出代价。

对于长期回应来说，关键问题是基于发育预测作出的选择是否正确。预测性的回应决定了发育轨迹以及后来的适应能力，从这个意义上来说，预测的精确度是一种主要的制约因素。关键问题是胎儿对子宫外的环境预测是否准确，由于探测器出现了问题，胎儿可能会收到错误的信息，但是它也可能受到它所继承的东西的影响。如果由于疾病，母体的身材矮小，或者如果她非常年轻或年龄很大，那么错误的遗传就会传给下一代。我们逐渐意识到，在一代中产生的环境影响能够在表观遗传上引起变化，这些变化能够在几代人之间传递。

不论是在营养方面，还是在对胎儿出生时所在的营养环境状况的感知方面，胎儿完全依赖其母体。然而，从母体的生存环境到胎儿感知的环境之间存在一条非常复杂的路径，胎儿最终会探测到那些来自被吸收到组织中的营养物质的营养信号。到达那里的物质大致由以下几个因素决定：饮食、健康、母体的新陈代谢以及母体的生理状况，母体的生理状况控制着为子宫提供的含有营养物质的血液。那么，胎盘自身的状况也是一方面——在把营养物质从母体循环转移到胎儿循环的过程中，胎盘正处于最佳的活动期吗？其中有多少营养物质为了满足循环过程中的能量需要被燃烧掉了？因此，就像中国的传话游戏一样，有些被传递的信息可能被曲解，胎儿获得的有关营养的信息很可能不能准确地反映出母体所在的真实营养环境。这是一种设计约束条件——在哺乳动物中，发育可塑性依赖于这种设计约束条件，而并不依赖于效率低的传感系统。母体行为的各个方面，例如吸烟和不均衡的饮食，能够干扰这个过程。母体身体状况不佳以及胎盘机能失常也会对这个过程产生干扰。这是哺乳动物发育的现实状况——它并不是一个完美的过程。

第三股：出生制约因素

作为一个物种，人类的成功主要取决于我们较大的脑部。而为了能够用两只脚走路，我们的原始人类祖先不得不改变了骨盆的形状。骨盆在大小以及臀窝的位置方面作出了改变，这样，骨盆口的宽度就变窄了。然而，因为我们的大脑容量更大，所以我们的头部要比我们的灵长类动物远亲的头部大得多。解决这个问题的唯一方法是：我们经过进化能够像其他灵长类动物一样，在大脑发育尚未成熟时出生，而更多的大脑发育则等到出生后才能进行。黑猩猩幼仔生来就会走路，而我们甚至在 1 岁时才开始走路。尽管刚出生时，我们的脑部还没有发育成熟，但人类婴儿的头部在经过母体的骨盆时仍然有一定的难度。与之相比，黑猩猩胎儿的头部小，因此很容易通过其母体相对较宽的骨盆腔。胎儿只有保持适当大小的体形才能够顺利出生——这是我们在发育中的重要关卡。如果胎儿的生长只受到遗传学的控制，那么问题就会更加严重。想象一下这样一种场景：体形较大雄性与小体形的雌性正在进行交配，如果没有能够使父亲对胎儿生长的遗传影响失效的机制，胎儿就会生长过快，这在进化上将是一种非常危险的情况——胎儿一定会死亡，母亲死亡的可能性也会很大。

人类的进化似乎已经使这个潜在的冲突得到了解决，其解决方式是夸大已经存在于其他哺乳动物身上的机制的重要性，即利用母体制约的过程。这些复杂的、没有得到很好理解的机制控制了胎儿在怀孕后半期的生长，在这段时间，胎儿主要依赖于由母体传递给它的营养。母体的身高与骨盆的大小有关。而骨盆的大小、子宫的大小以及子宫的血液供应之间又相互联系，并且它们都与母体的大小有关，也就是说，母体的大小在一定程度上决定了将要送达胎儿的营养数量。因此，胎儿的生长与母体的大小关系密切，这使得人类胎儿能够限制其自身的生长。这种限制并不取决于遗传，而是与胎儿所处的母体子宫内的环境有关。因此，胎儿通常能够成功地通过骨盆腔，被生产出来。因为母体的制约有效地限制了传递给胎儿的有关其将来所处环境的营养状况的信息，所以我们认为，这种机制对于这个问题的理解至关重要：与营养有关的发育错位是如何产生的呢？

在胎儿出生以后，这种来自母体的制约性影响依然存在。就像大多数哺乳动物一样，人类婴儿在获得营养方面完全依赖于其母亲。但是人类婴儿对母亲的这种依赖甚至会持续到断奶以后，断了奶的婴儿仍然不具备搜寻足够的食物或者照顾自己的技能。人们认为 2～4 岁的旧石器时代人类已经断奶，最近的澳大利亚的土著居民在受到欧洲的影响改变了生活方式之前就一直如此。用今天的标准来衡量，这似乎是一段很长的时间。然而在史前，还在吃母乳的婴儿客观上增大了后代存活的概率，因为这扩大了婴儿的出生间隔，延长了母亲养育的时间。而在断奶之前，人类也许早就已经开始给婴儿的饮食中添加了其他食物了。对现代人而言，我们知道全部由母乳长期喂养超过 6～12 个月会导致营养质量的下降，我们还了解母乳的质量会受到母体健康状况的影响。因此，在恶劣的环境下，制约着发育的营养影响会延续到婴儿期——我们会发现可能由此产生的重要性。

把几股编在一起

我们已经在这本书的第一部分中描述了我们是如何进化，以期竭力使我们的生理状况与我们在舒适区内的生活环境相匹配。尽管如此，人类的适应能力有内在的制约因素，其中有些制约因素是遗传方面的，另一些则是发育方面的。然而，人类也具有改变他们所在环境的非凡能力，而且我们已经在过去的 1 万年中对我们的生存环境作出了一些巨大的改变。当我们面对这些环境中的变化时，过去的各种各样的生活制约了我们的应对能力。进化过程竭力使一系列显型（由基因决定的）与我们的环境相匹配。但问题是，很大一部分环境在1万多年前就已确定了。幸运的是，进化赋予我们发育可塑性的能力，使我们能够进一步调整与所处环境的匹配程度。但是这些设计会产生一些限制，这些过程共同作用，限定了我们健康生活的环境范围。然而，任何一个舒适区都有界限，夏尔巴人和卡努里人跨越了这些界限，因此必不可免地付出了代价。随着我们的社会和环境发生快速变化，我们向这些限制发出了越来越多的挑战。错位的程度越高，我们付出的代价就越大，因此我们就更需要对此有所了解。

第二部分 | 错 位

在本书第二部分中，我们将解析以下问题：人类如何在所处环境中生活；基因与发育的限制将如何影响我们的生活；我们自己创造的新环境是否与适应过程相匹配？如果答案是否定的，那么我们将面临更大的错位风险，变异疾病将体现这一点。错位的后果是什么？如果我们要搜寻遗传与环境错位所带来的影响，我们应从何处入手？

由于社会复杂化及儿童健康状况的提高，人类成熟过程中也出现了错位，第六章将着重研究这一现象。像过去那样的青春期生理、心理同步成熟已经不复存在，我们将研究这对现代社会带来的深层影响，这挑战着人们对青春期的固有观念。第七章将视线集中在饮食、食物摄取和能量消耗的巨大变化所带来的后果。这导致了诸如糖尿病、肥胖症等代谢疾病的升级以及心血管类疾病的出现。第八章将讨论中老年人的情况，因为人类繁殖结束后选择也就不再起作用了，而人类现在的寿命比过去更长，人类在生命之初选择发育轨迹未必对今后的生活有益。因此，错位便成了生命延长的后果。由此，我们便可以从另一角度审视年龄增长、更年期和老龄疾病这几个现象。

这些设想是我们发现之旅的下一个阶段的起点。人类必须为个人健康和社会发展承受这些后果。本书的最后一章将这些观点总结在一起，以全面考虑错位范例，思考减少错位影响、改善人类生活状况的方法。

第六章

成 年

　　肯尼亚马赛部落的女孩子会在第一次月经来潮后不久就嫁人，但是男孩子的婚期却很迟，他们要在 12 岁之前做一些喂养奶牛、山羊的粗活，而青春期对于他们来说是"战士时期"。在部落为他们举行一些隆重的仪式之后，他们便成为"战士"，必须与村落的人隔离，独立生活。这些男孩在一起生活、睡觉、学习以及练习格斗，他们的角色由牧童变为保卫部落的战士，保护他们的部落领土不受外族侵犯。大约 10 年后，部落会再次为他们举行隆重的仪式，正如当年为他们举行步入战士学堂的仪式一样，成为"年长者"（年龄为 25 岁时）。直到那时，他们才会娶适龄女孩为妻，成家立业。正如罗伯特·萨波尔斯基（Robert Sapolsky）所言："或许他们后来会终日抱怨现今战士的素质。"

　　在北澳大利亚卡奔塔利亚湾的一些热带小岛上，一个本土部落中的男性与马塞部落的男孩一样，要在青春期时与他人隔离，并割掉阴茎包皮。在此期间，他们不能说以前的语言，而要学习一种特殊的手势语，但他们仅会在这段时期使用这种语言。之后，他们要第二次接受生殖器切除的手术，即割礼（一种将尿道口位置由顶端移至阴茎下部的残酷手术），并学习另一种发声语言。这种语言发声非常奇特，与他们童年时期讲的语言有很大不同，只有经过割礼的男性才可以使用。与狩猎采集者社会一样，在与欧洲社会交流前，大多数土著部落的女孩在 14 岁左右青春期结束时便会嫁人，而男性则要等到25～35岁的时候才能娶到自己的第一位（或许也是唯一的一位）妻子。这种体制之所以出现，是为了解决新生婴儿死亡率偏高和性别比例失调的问题。由于女婴常常被杀害，首领们便采取这种方式使人口密度与生态系统匹配，以促进部落发展。

青春期仪式是一个人由孩子过渡到成人的标志，它在各国文化中都很普遍，在传统社会中更是如此。仪式给予人们学习文化的时间，这是非常重要的，而每个社会的仪式，都存在其特殊性。基督教的成人仪式、穆斯林的男性割礼仪式和犹太教中成人礼都有相似之处，它们都确立了13岁男孩的成人身份。

在传统社会中，这样的仪式往往意味着孩子要离开他们的父母，是从由依靠父母到独立生活的标志。男性和女性要分别隔离，学习性别角色和部落知识。对于男性来说，这个仪式可能十分漫长，并且非常痛苦和残酷，他们要面临力量和勇气的考验以及成为战士前的磨炼。对于女性来说，时间显得很短暂，并且要迅速学习女性角色，因为她们往往很快就要嫁为人妻。对女性的学习要求要比男性低，因为女孩在帮助妈妈、阿姨做家务时已经获得了一些做母亲的技能，而男性的训练目标则是要成为部落战士或猎手。

这些仪式举行时间的安排往往包含很多意义。对于女孩来说，仪式往往标志着其青春期的成熟，总的来说，她们要在青春期后马上步入婚姻殿堂。对于男孩来说，仪式举行的时间并不固定，一方面是因为他们的青春期标志不明显，另一方面，在许多文化中，年轻的男性在成人前没有完全的生育权。

生理成熟期和角色转换期是紧密相连的，这对传统社会的女孩来说更是如此。但是在西方社会，由孩子到成人的转换所要经历的并非一个单纯的身心转变的特定时期，还是一个获得权利的过程，这个过程一般来说需要很长时间，有时具有任意性。在每个国家，转换期到来的时间是不同的，但是都会遵循大体相同的模式。例如，在新西兰，12 岁的孩子可以"得到"被判死刑的"权利"；15 岁时获得开车的权利；16 岁获准购买烟草、性交和结婚；18 岁获准参军、投票；20 岁获准购买酒精类饮品；到了 25 岁则可获得租用车辆的权利。

这个持续 10 多年的漫长转换看似不合理，事实上却是一种最近才出现的现象。追溯到三四代人以前，青春期标志着一个人相对迅速地由孩子到成人的转换——成为妻子或劳动者。对于女性来说，在十几岁时就要结婚，但是许多十几岁的男孩却要像我们的祖父辈那样独自离家，甚至移居他乡，自力更生。但是现在，在西方国家，孩子们在青春期乃至 30 多岁的时候，都会一直依赖父母。

同时，在西方社会，人们已经意识到人类生理成熟的年龄变得越来越小。在西班牙和意大利这样的国家，几乎一半的女孩在 12 岁时已经开始有月经了，但是她们的祖母却是在年龄 14 ～ 16 岁的时候才有月经。这种提前的生理成熟是正常的，还是属于（病理学）反常的现象呢？这种现象又是否能从进化角度理解呢？其中是否存在一些意外的情况呢？例如，暴露于有毒环境下所产生的后果。这种提早成熟的后果是什么？这就是本章所要探讨的主题。但是由于青春期进程在各社会文化中存在重要差异，再加上成人适应文化的方式不同，我们的讨论仅能够集中在现代西方社会和人类青春期所面临的混乱情况。

成　长

对于一些动物来说，能够生育，并且顺利将自身基因遗传给下一代，不仅是生命的目标，还是死亡迫近的警示。澳大利亚赤背蜘蛛会在交配后，将自己的身体献给同伴做食物。许多昆虫会做大半生的幼虫或毛虫，变为成虫后，仅能存活很短时间，它们往往迅速产卵并孵化，之后便会死去。一些脊椎动物甚至也是如此。三文鱼奋力游至上游它们出生的地方，在那里产卵或受精，为了这一惊人的壮举，它不惜付出生命的代价。这种只交配一次即死亡的现象，我们称之为单次生殖。单次生殖现象甚至在有袋动物身上也能看到。有袋老鼠褐肥足袋小鼠是一种夜间活动的小型食肉动物，它生活在澳大利亚东南部地面上的圆木和叶子之中。雄性鼠仅能存活约1年时间，而雌性鼠的寿命长达5年之久。雄鼠11个月左右大的时候进入交配期，它们会尽可能多地交配。一些雄鼠会在与其他雄鼠的争斗中死去，但是更多雄鼠是死于过度交配导致的体重下降和感染。几星期内，所有的雄鼠都会死亡。这种非凡的生命历程有什么益处，是如何演变而来的，人们尚不清楚。

但是大多数哺乳动物虽然繁殖方法互不相同，却都能够繁殖一次以上。一些物种寿命相对较短，但却能像兔子一样又多又快的繁殖。因此兔子、老鼠、鼬鼠、田鼠和野鼠在进化中已经形成了一种"快速繁殖"的生存策略，即尽可能多的孕育幼仔，这样才能确保其中的一些可以存活到繁殖的年龄。这些物种的后代成熟迅速，在断奶后不久便可生殖。雌性鼠的孕期是21天，其幼仔21天后断奶，出生后55天便完成青春期，之后不久便可交配繁殖。断奶后，雌性鼠就不再负责照顾孩子，因为对它来说，再次受孕以及让刚出生的幼崽学会自我保护更为重要。雌性鼠在自己出生仅5个月内就成为"祖母"。

人类和象、马、鲸等其他大型哺乳动物一样有非常不同的繁殖方式。他们成长发育缓慢，寿命很长，并为其数目不多的后代付出大量精力，以使他们得以长大成人。人类的成熟期是以非常特殊的方式完成的。人类的大脑有更大的发育空间，但由于人类骨盆较狭窄，因而婴儿的大脑往往要在出生后再进一步发育。我们出生时大脑的尺寸是成人大脑的 25%，然而黑猩猩初生幼仔的大脑尺寸几乎是成年猩猩的 50%。因此我们必须在后代的婴儿时期、孩童时期和青少年时期一直抚育他们，直到他们准备好面临向成人转换的挑战。

有实验表明，人类童年依赖父母的时间与多数大型哺乳动物相比要长很多，其他哺乳动物的后代会在性成熟前迅速从待哺幼仔成长为十分独立的青年个体。人类即使像传统的游猎人那样三四岁才断奶，孩子也要依赖父母几年后才能独立。我们都知道，4 岁的孩子仍然需要父母在衣、食、住方面照顾他们，帮助其在社会上生存。到了 8 岁左右，孩子才刚刚学会基本的生活技能，能够独立生存——他们可以自己吃饱，找到住处，但是处理复杂社会情况的能力仍然有限，这就是我们常说的青少年时期。8 岁是孩子学会基本生存技能的关键年龄，人们是通过观察城镇街头的流浪儿童得出这一点的。人们发现，街头流浪孩童中最小的孩子也要有 8 岁，尽管如此他们依然要组成一个类似家庭的团体，互相依靠，直到长成十几岁的少年。

由孩子到成人的成熟因此要包括几个方面：身体成熟、性心理成熟和社会心理的成熟。青春期末个体必须在这几个方面完全独立和成熟。在发育阶段，这几个方面要互相协调，共同发展，这一点具有重大意义。因为只有这样，我们的生理成熟时间才能与认知能力、性心理和社会心理的成熟时间相匹配。

　　各个物种的幼仔和其青少年时期的个体，都有一些不成熟的社会行为。小猫与成年猫，幼狮与成年狮的行为就大不相同，但是一旦荷尔蒙发生质变，它们就成为一只成年猫或成年狮，其行为也相应地要发生改变。为了生存，每个物种中性成熟的动物都必须知道本物种的社会规则，学习捕获食物的技能，（如果是哺乳动物）并要掌握抚育后代的方法。一些物种，尤其是像土狼、狮子等群居动物会经历青春期前的青少年时期，这个时期可以确保青少年个体能够学会成年所必需的社会技能。灵长类动物也是如此——我们可以从黑猩猩的行为中看出这一点。青少年时期的雄性动物和雌性动物慢慢转换角色，并逐渐学习成为部落中的成熟个体，每个部落都有自己的仪式或行为来证明这一角色转换。例如贡贝黑猩猩和西非黑猩猩学会使用不同工具从白蚁窝里拨出白蚁就是一种标志，贡贝的黑猩猩用草茎或剥光细树枝戳蚁穴，而西非黑猩猩会咀嚼木棍底端，将其制作成刷子状的工具。西非黑猩猩学会了用石头敲开坚果，并且已经沿用这种方法一个多世纪了。它们是从父母那里花费几年时间才学会这项技能的，但是东非黑猩猩却不会这么做。灵长类动物的群体结构非常复杂，因此其个体如要存活并繁殖就必须学习这些技能。

　　原始人类，包括现代人在内，在这一方面也应该与灵长类动物无异。通过进化，人类生理成熟的时间本应与认知能力、性心理和社会心理的成熟时间非常匹配。但是我们远古的女性祖先在具备成人技能之前就要繁育后代，因而她们必定要为此付出代价，那就是初生婴儿的死亡率很高。即使祖母或兄弟姐妹可以帮忙照顾，婴儿的存活率也还是很低。即使生理与社会心理相匹配，母亲头胎的子女死亡率也居高不下，由此可知母体的成熟和经验是何等重要。头胎的草原狒狒只有 29% 的存活率，其后的子孙情况要比头胎好，但也只有 63% 的存活率。一个对大猩猩的研究表明，它们的第一胎在第一年里仅有 40% 的存活率，但是其后的胎儿却有高达 80% 的生存可能。

我们的祖先原始人类寿命更短，因此女性生殖和社会心理成熟互相匹配有助于繁衍后代。如果一名妇女心理方面足够成熟，可以成为母亲，那么从发育角度看，她繁育后代的生理功能也应该已经具备。或者说，如果女性已经在生理上具备了繁育后代的能力，那么她们的心理也应该相应的成熟。比较研究并没有能够提供女性行为成熟前具备生育能力的事例。男性的情况可能与女性不同，因为像大猩猩、早期人类等一些物种中的男性只有在后期得到某种统治地位时，才可以获得生育后代的机会。

目前，人们对于古人类具备的认知能力和社会心理能力各持己见。一些人认为，成为狩猎者或采集者必须具备的技能，与久坐在办公室的普通职员所需技能并无差异；较长的童年时期就是为了给予人类学习这些技能的时间。但是也有一些人认为，这些技能无需长时间学习。人类学家研究了坦桑尼亚的哈兹达族人在童年学习园艺对他们会有什么影响。结果发现，接受教育的孩子并不比那些没去学校学习的孩子更优秀，因此，童年经历不能决定谁可以成为好猎手。人们对北澳大利亚托雷斯海峡的麦林人也做了类似研究。研究表明，人们要掌握打猎技能仅仅需要锻炼身体——确切地说，只要在童年时锻炼身体肌肉就可以培养出这项技能。由此可见，是人类青春期体格发育与力量的培养而非长时间的学习，最终能够决定其在草原上狩猎的效果。

但是，掌握更多的互动社交技能或许更为重要。5 万年前～ 3

万年前，艺术、宗教和仪式出现，抽象思维显然也已存在于这些形式中了。而现代人类在七八岁时便已形成抽象思维，年纪再大一些的孩子可以洞察社交状况，并且能够掌握一些复杂情况。但是，旧石器时代的社交本质是不同的，在一个 25 ～ 50 人的部落里，人们所需的社交技能一定比在曼哈顿的年轻人所需的社交技能少得多。由此，我们可以这样说，生理成熟与社会心理成熟是同步的，10 ～ 12 岁的智人能够像成人一样处事。此时，人类身体与社会心理的成熟在青春期时互相匹配。女性的第一阶段（初潮）在青春期较晚的时候出现，这在时间上十分合适，因为处于这一年龄的女性在社会心理方面足够成熟，可以在部落中胜任成人和母亲的角色。

但是身体与社会心理两个领域在其他发育阶段是否也能在时间上匹配呢？越来越多的证据表明，事实并非如此。我们不会指望现在十二三岁刚结束青春期的孩子可以像成人那样完全独立地面对社会，成家立业，与同事很好地相处，应付复杂的税收、官僚政策以及诸如伦敦、芝加哥和悉尼等大城市中数以百计的社会活动。很显然，在西方社会，对于十几岁的青少年来说，身体和社会心理成熟时期不再互相匹配。为什么会这样呢？要回答这个问题，我们必须分别看待人类身体与社会心理的成熟过程。

我们不断改变的身体

许多动物都是季节性繁殖。这样可以保证它们的后代在一年中的某一时间出生——大约都是在春季，因为那时天气较暖，有较多食物供给，可以更好的哺育后代，因此这时出生的幼仔更容易存活。动物可以做到季节性繁殖是因为其大脑中存在一种感应季节的中枢，可以根据季节变换控制生殖荷尔蒙的分泌，并只允许它们在每年分泌固定的量。这个系统对于白天长度的变换非常敏感，通过改变荷尔蒙退黑激素的程度来停止繁殖。例如，雄性绵羊的睾丸在春夏之际会萎缩不能产生功能正常的精子，但是在夏末和秋天它们会因生殖荷尔蒙的刺激再次激活和生长，受孕母羊会在 5 个月后的春天分娩。为证实这一点，我们可以将公羊关在特定地点，人工缩短白天长度，或者让公羊服用褪黑激素，使其认为夜晚更长，公羊的睾丸就会更早激活。

但是人类与动物不同，可以持续生殖。当我们在少年期末进入青春期，性荷尔蒙系统就一定会被激活，这与季节无关。感觉上好像我们复杂的生命变化与性荷尔蒙紧密相连，但事实上，在青春期，荷尔蒙已经是第二次被激活了。因为在胎儿时期，它们就曾被短暂激活，然后在婴儿时期性荷尔蒙暂停活动。男性胎儿的睾丸分泌男性荷尔蒙睾丸激素，促进生殖器发育，而女性胎儿的卵巢活动支持卵子形成，卵子也只有在这时才能形成，其后，便停留在卵巢内发育，直到青春期，才可能排出体外。

只有男性胎儿分泌睾丸激素，这对于性发育尤为重要。男性大脑与女性大脑在结构和功能上是有区别的。比如说，不同性别的神经系统中枢对荷尔蒙分泌的控制不同，性心理功能也相应不同。大脑中一些与这些功能相关的核子的大小也可以体现性别差异。除此之外，不同性别间可能还存在其他差异，但这是性别政治与生物医学相互影响的结果。最近，前校长拉里·萨姆斯（Larry Summers）的一段话激怒了哈佛大学的学生，因为萨姆斯认为，男性与女性大脑功能的差异会延伸至其他领域。这一事件说明，简单的生物医学观点多么容易被滥用在社会政治学领域。

有关性别意识与性倾向的探讨更加复杂。生命早期的大脑结构和功能差异对成人性倾向有多大影响呢？这个问题引起了人们的极大争议，而相关的科学研究非常薄弱。对于同一组研究数据，有些人会拿来证明同性恋行为具备生理基础，而反对者则会得出完全不同的结论。问题在于，现有研究确实已经发现，睾丸激素对雄性幼鼠和羊羔性行为的发育非常重要，而人类大脑的成熟期要早很多（在胎儿发育时期），但是这些资料非常模糊，说服力不强。因此，尽管大脑功能中存在某些性别差异，但并没有足够证据表明生命早期的荷尔蒙类型与性意识有关。

人类出生后不久，其大脑中的机制就会暂停性荷尔蒙系统的激活。在最重要的荷尔蒙转变时期——青春期到来前，它会保持静止。青春期时，大脑会重新激活荷尔蒙系统，使垂体腺释放生殖荷尔蒙。这导致睾丸分泌睾丸激素，产生成熟精子，也致使卵巢开始分泌雌激素。男性体内的睾丸激素促成汗毛、胡须和腋毛的生长，导致喉（喉结）形状改变，并使其在脖子上的位置向下转移，使人的声音变得更加低沉，也可促进骨骼和肌肉生长。意大利唱诗班男歌手的例子可以证明这一点。在意大利，唱诗班的男歌手在青春期前要被"阉割"生殖器，以确保他们保持较高的声线为罗马天主教堂唱歌。西斯廷教堂最后一个阉伶亚历山大·莫里斯基（Alessandro Morereschi）于1922年去世。他的声音是唯一被记录的阉伶声音，他的音色非常清晰、独特。同样，女孩体内的性荷尔蒙，尤其是雌激素会促使乳房发育，汗毛生长以及身体发育。

生理成熟的全过程要花费几年时间。女孩青春期的第一个标志是乳房发育，而男孩青春期第一个标志是睾丸生长。男孩和女孩在青春期身高都会加速增长。从此时到青春期末要经历3～5年的过程，个体完全成熟时，青春期就结束了。性荷尔蒙的影响导致长骨生长板融合，因此人的身体不可能再次长高。在那段时间之后，肌肉会进一步发育，当然，在现代社会中，大脑也会进一步发育，但是个体的身体已经长到成人标准，并具有生殖能力。

然而，男性和女性生殖能力在青春期形成的时间却是不同的。男孩在青春期的初期便能产生精子，青春期快速成长较多出现在生殖能力形成后。女孩却在第一次月经出现前就会停止生长，这说明第一次排卵后她们的荷尔蒙发生了改变。月经出现较晚，是因为脑垂体荷尔蒙要改变模式，激发卵巢内卵子的成熟，并使其排出输卵管。荷尔蒙循环改变的过程就被建立起来了，它导致了子宫内膜生长、脱落（由此产生了月经），这种现象大约以 4 周为循环期。但是许多人的初次循环会有排卵失败的现象，因此在生殖能力完全形成前，排卵期可能在 1 年左右的时间内是不规律的，在 1～2 年内排卵量也可能很少。

人类与其他哺乳动物包括灵长类动物不同，在青春期人类的骨骼可以继续生长，而多数其他动物在进入青春期后就停止身体发育。为什么会出现这种差异呢？对于这个令人迷惑的问题，人们持有不同见解。一种观点认为，人类必须推迟生长期，因为他们要首先将精力投入到大脑发育中去，因此必须要推迟骨骼发育，直到大脑发育完成。另一种观点我们比较认同，那就是男性青春期身体快速生长出现在性选择期，因为较高的男性更有吸引力，或在交配竞赛中更容易取得胜利。

对于女性来说，自然选择在其生长突增阶段的进化中一定起着至关重要的作用，因为骨盆大小是尤为重要的。骨盆直径与高度直接相关。女性直到青春期晚期，骨盆才能发育到最大尺寸，这并非偶然，因为月经初潮后 1～2 年，身体生殖能力可以达到顶峰。因此，如果母亲身材较小，受到母体限制，供给婴儿的食物有限，生下的婴儿就会较小，而较小的婴儿没有正常婴儿容易存活。因此，自然选择会致使某些女性在生殖能力完全形成的时候，发育较大的骨盆。

调整生物钟

青春期到来的时间也会受到一些遗传因素的影响。提早或推迟的青春期与家族情况有关，一些人月经初潮的时间比其他人更晚或更早。例如，北欧人要比南欧人初潮时间平均晚 7 个月。但是更重要的是环境也会以各种方式影响青春期到来的时间，其中，营养因素最为重要，但是营养对人的影响，在人出生前后是不同的。如果童年时期营养摄取不良，会导致青春期推迟，而胎儿时期营养摄取不足，则可能导致青春期提前。

如果由于营养缺乏阻碍生长，胎儿自身可以预知其未来状况可能不良，因此便选择采取一种跟小型哺乳动物相似的生命策略，即加快性成熟的速度，以确保基因顺利遗传给下一代。有证据表明，生活史生物学适用于昆虫，也同样适用于人类。出生体重低对青春期提前的影响总的来说是很小的，或许仅会使其提前几个月。然而，出生后的营养摄取对于青春期的影响要大些，因此胎儿时期营养不良，而出生后营养摄取充足会导致青春期提前 1 年以上。因为在上述情况下，胎儿已经感知出生的环境比较危险，并采取了加速成熟的策略。但是，如果母亲在青春期得到足够营养支持其怀孕，至少对女性而言，胎儿也能采取这一策略。这种情况实际上表明，胎儿所处环境的表型表现依赖于出生后的环境。这种情况在那些出生于贫困地区，但被富国人家收养、抚养长大的孩子身上最能体现出来，他们由早期营养摄取不良的状况，迅速转变为营养摄取适量，因此出现了青春期提前的现象，有些女孩甚至在6～8岁时就出现第一次月经。

相反，童年时期营养不良，健康状况欠佳则会推迟青春期。一些人类生物学家认为，这是一种权衡，它使人在生殖能力成熟前，保证青春期前的发育。女性要确保在新陈代谢状况良好，能够满足自身和胎儿营养需求的情况下才受孕，这一点非常重要。像人类这样生殖周期缓慢的动物似乎普遍采取推迟反应的这种策略——即在艰难环境下推迟青春期，寄希望于环境情况会在不久后及时改善。

因此，青春期到来的时间受到至少三方面因素的影响：遗传因素、早期发育（出生前的）环境及随后童年时期的营养摄取状况。这三方面因素与本书下一章要探讨的决定新陈代谢规则的因素非常类似。这不足为奇，因为发育与代谢正是每个生物适应环境，增大其基因遗传至下一代概率的两个关键要素，而这些过程本身就是紧密相连的。大脑机制确实一度控制着青春期的开始时间，它与新陈代谢系统调节交叠，因此在生物体层面和大脑层面，食物和性都是联系在一起的。

青春期的开始时间也可能由其他因素控制。其中，最近引起关注的一个因素，是环境中的化学物质与性荷尔蒙控制机制的相互作用。化学物质大量存在于现代食物之中，如大豆制品、肉类中的人造生长促进剂，瓶子中的可塑剂，或是从尿液中排出的口服避孕药与荷尔蒙替代疗法产生的代谢物。这些所谓的"内分泌破化物"会改变荷尔蒙的类型，从而形成肿瘤，如乳腺癌。但是没有足够证据表明，这种破坏物在改变现代人类青春期开始时间方面也起到一定作用。然而，这是一个需要更多研究，并认真监控的领域。

此外，还有一些资料也显示了各种形式的压力会提高或推迟青春期的时间，这是因为压力会影响复杂的大脑网络功能机制，使其改变对荷尔蒙释放的控制，这些影响可能取决于个体在什么发育时期遭遇压力。因此，伴随这种状况，控制青春期开始的系统可能就会受到影响，并发生改变。

旧石器时代人的青春期

为什么女孩很可能在大约七八岁的时候进入青春期？要回答这个问题，我们可能要回到原始人类生存的时代。我们必须要依靠考古学家和人类学家的勘查工作去推断 1 万多年前生命的特性。人们发现的化石和骸骨很明显是有限的，不足以成为确凿证据，但是我们还是能够从中洞察到相当多的信息，尤其是在大量骸骨被发现的地区。我们可以从现代采猎型社会中的现代人类身上搜集到其他信息，但是跟 1 万年前相反，现代采猎型社会人口急剧下降。然而旧石器时代的采猎者居住在他们自己选择的食物充足且安全的地方。从发现的化石来看，没有证据表明营养不良是旧石器时代人的一个重要特点，营养不良是在后来随着农业和城市的发展而出现的。

但是，旧石器时代的人类寿命较短。在童年存活下来的可能性只有 50% ～ 60%，即使能够在童年存活下来，也很难活到中年，活到老年的人更是极为罕见。我们能够对他们青春期开始时间做一些简单地计算，根据我们已知的变量——活到中年的可能性、分娩时的死亡率以及能够使人口数目稳定的可存活孩子的数量。我们可以分解女性生孩子间隔的因数——假设女性喂奶的行为与现代猎手和采集者行为以及杀婴的行为，目的均为确保孩子降生时间有一定间隔。我们也必须考虑到孩子需要母亲活到一定年龄，因为她们要照顾最小的孩子直到其生殖能力成熟，这样才能确保人口的稳定性。

　　这个公式做了一些假设，其中对计算的准确性影响最大的是对人类寿命的估算。但是如果我们以旧石器时代人类的平均寿命为基础，那么平安度过婴儿时期和童年时期的女性平均寿命为 35 岁，她平均会有两个孩子活到成人（包括至少一位女性），这样人口才能够保持稳定，并允许母亲存活足够长的时间，以抚养其最小的孩子，直到其能够独立生存。我们发现，她的生殖期要有 16 ～ 18 年。这意味着在 13 ～ 15 岁的时候具备生殖能力对人的生存具有优势，也就是说，在 11 ～ 13 岁的时候女孩子会有月经初潮，大约 7 ～ 8 岁的时候乳房开始发育。我们认为这是我们这个物种生长、成熟的基本模式。

思想成熟

　　青春期性和身体的成熟使我们意识到个体会受到其荷尔蒙的影响，而父母和社会在这时对男孩和女孩的态度开始转变。受荷尔蒙对大脑的影响，性心理开始发展，也就是说在青春期内，个体的自我认知和性意识出现。但是性心理成熟不能与生殖能力的成熟分开，它们是互相依赖的两个因素。青春期性荷尔蒙如果不能分泌更多，性心理就无法成熟，但是仅仅荷尔蒙的改变也是不够的——大脑也必须足够成熟，才能对荷尔蒙改变作出反应。例如，由于脑部肿瘤，发育异常的孩子可能会出现青春期早熟现象，这会使其身体和性呈现出比实际年龄更大的特征，但是他们的性心理还要很晚以后才能真正成熟。

　　但是脑部功能的其他方面也存在重要的变化。脑部发育的许多方面，例如认知成熟，不受性荷尔蒙的影响。这就是为什么正在上高中，年龄为 13 岁的孩子中，完成青春期发育的孩子和没有完成青春期发育的孩子在测验方面的表现没有差别。在青春期，脑神经元回路（brain circuitry）会突然重组。近期的研究运用复杂成像技术显示，大脑在人类青春期早期拥有最大的连接能力，但是我们也从同类研究中发现，大脑功能和构造方面的一些改变会持续很久，尤其是大脑前额叶皮层的神经连接。这个大脑区域成熟最晚，控制责任感、自我控制意识等品格的形成。科学家普遍认为，人类在青春期早期可能作出的冒险性举动，可以反映其前额叶皮层尚未成熟。当这些晚熟系统完全激活时，我们随着年龄的增大，会变得更理智，或许新西兰的租车机构规定不允许将车辆租给年龄低于 25 岁的人是对的。

很不幸，我们永远都不会通过解剖学研究得知对于生于现代社会的人类来说，其大脑是否要花费更长时间才能完全成熟，因为即使在 5 年前，研究必须要运用的成像技术尚未出现。但观察的证据表明情况确实如此。两个世纪或更早以前，许多青少年就能够也确实曾经担当过成人角色。在拿破仑战争时期，英国皇家海军少尉之候补军官在十三四岁的时候就能参军，而后来的纳尔逊王在第一次加入海战时，年龄仅为 12 岁。我们自己的祖父和伯父也能够在十五六岁的时候离开父母独自周游世界，建立新生活，开创事业。是建立大脑神经连接网络的周期改变了吗？还是青春期个体需要比以前多知道这么多知识，才能在复杂的社会中成年？还是随着社会日益复杂化，我们对待青春期的态度已经发生变化，想要约束大脑的成熟？媒体或是社会压力缺失等外部影响是鼓励了冒险行为，还是改变了行为抑制神经通路的发育呢？对于这些以及许多类似的问题，我们很难回答。很明显，青春期是一部变化的、复杂的心理剧，包括一系列内部和外部的角色。在我们从青少年时期步入青春期的时候，我们的自我形象，别人对我们的印象以及我们大脑的功能都发生了巨大变化。我们抽象思维的能力在童年晚期开始发展，但是大脑的连接能力将继续成熟。我们的认知能力与社会智能（即人际交往能力）在社会环境下发展，与社会给予我们的以及对我们的要求息息相关。

变化的时代

在 15 万年前，我们的身体和头脑在青春期同时进化成熟。然而在过去的 10 万年里，我们身体和大脑成熟的时间发生了重大改变，我们可以从其中的一些主要转变中理解这些变化。出于完全不同的原因，人类的身体和大脑在环境因素影响下推迟了成熟的时间，但两者依然保持同步。但是在过去的 100 年中，身体与大脑的发育已经产生了分化。社会心理的要求越来越高，因此其成熟似乎已经被推迟了，身体成熟却变得更早，由此便出现了短暂的错位。为什么会错位？错位的后果又是什么呢？这是本章接下来要讨论的问题。

农业发展使人类开始定居，定居后人们便有了财产的观念。定居还促进了新的社会结构的建立。农业使人类与动物建立了紧密的联系，随着人口的增长，这种关系越发紧密。如果农业发展得好，才会有更多人居住在一个地方，永久定居，然而交叉感染疾病的风险也会因此增高。另外，我们的营养结构会有根本上的改变，猎手和采集者可以用多种方法获得食物，但是定居的人只能依靠在固定地点放牧、耕种才能生存下去，因此他们更易受气候和战争的影响。营养不良和疾病感染会首先影响到孩子，他们的发育也会受到限制，童年营养贫乏会导致青春期推迟。因此随着定居方式的改变，人类青春期也就随之推迟了。

但是，随着社会结构变得更加复杂，人类所需掌握的生存技能增多，需要花费更多时间学习。即使身体发育与社会心理的改变并不直接关联，但两者的净效应应该是大致相同的，即两者成熟时间都逐渐被推迟了。人类生理青春期推迟，并且作为成人需要学习更多社会心理技能，这两个现象产生的根本原因就是人口密度的增加。

大量的人口使分工成为可能，社会上会出现专业的工具制造者、面包师和士兵等。定居也创造了财产权，而财产权又促进了阶层、风俗、法律、税收和权利结构的出现，这些都会导致社会阶级的形成——富人住在城堡里，穷人只能在自己家的门口发愁。历史上，从公元前 2000 年～18 世纪的欧洲，虽然其间穿插着疾病和战争导致的人口下降，但总的来说是人口密度增加、社会复杂性加剧的时期。人口密度在封建等级和君主社会中达到顶峰，但是，这些到 18 世纪以来的社会改变并没有影响人类青春期开始的年龄。个体要花费更多时间转变为成人，但是他们身体成熟的时间也同样增加了，两者还是匹配的。如果女性身体成熟在社会心理成熟之前完成，那么社会也会有一些保障措施，比如女性不会在心理成熟前被赋予生育的使命。

虽然身体和社会心理成熟时间都相应改变了，我们相信从我们开始进化到现在，两者之间的必要联系是一直存在的。但是至少对欧洲人来说，两者时间是突然改变的。

对于人类身体发育（又称生长学）的研究于 18 世纪晚期始于美国，菲利贝尔·戈诺·蒙特柏亚赫伯爵（Philibert Gueneau du

Montbeillard）从 1759 ～ 1777 年对其儿子进行了历时 18 年的发育测量，并保存了准确的记录，就像当今许多父母在门框上记录孩子身高一样。他是第一个发现人类可能呈间歇式发育的人，也是第一个保存了人类青春期快速生长发育记录的人。到 20 世纪中期，孩子发育的速率和最终能够达到的高度被用于检测公共健康。虽然不同种族的个体之间可能存在基因差异，例如扎伊尔的俾格米人很矮，坦桑尼亚的瓦图西人很高，这些记录都符合人口趋势，经济学家和有关官员都在重点检测这一趋势。人们注意到，西方人变得越来越高，月经初潮的时间也越来越早，这被称为"长期趋势"。历史生长学成为一个学科领域，人们检测以前的记录以期弄清这种长期趋势开始的时间。

在过去的 150 年里，对西方女性进行的研究表明，她们的月经初潮时间越来越早，每年女性月经初潮的年龄都会降低大约 3 个月。尽管年龄起始点并不相同，但各个国家都会出现月经初潮年龄降低的现象，这也表明了人类基因存在根本的不同。然而，我们不能以为欧洲地区的情况在世界范围内普遍存在，发展中国家的许多女性月经初潮时间永远也不可能比欧洲女性更晚。这可能反映了基因的差异，或者表明了在欧洲启蒙运动前，游牧社会的居民要比贫穷的农奴境遇与城市贫窟居住的贫民生活得更好。他们至少在殖民时代来临之前，不会遭遇高人口密度带来的社会复杂化。

我们可以得出结论，欧洲女性月经初潮时间的长期趋势是由于其健康和营养的改善以及得到母亲更多的照料所造成的。从 18 世纪末的启蒙运动开始，人们对孩子的状况非常关注，同期，英格兰出现了社会改良运动。到 19 世纪中期，这一运动达到高潮。童工法颁布了，社会最贫困成员也开始得到营养支持和慈善团体的捐助，但或许更重要的是公共卫生事业开始出现——可以看到贫困城市中敞开的排水沟逐渐消失，卫生与公共卫生概念的出现逐渐影响到了孩子的健康和寿命。

对于月经初潮年龄的研究表明，这一趋势在那些孩子健康可以长期保持良好的城市中日趋平稳。这一点支持了我们的结论：月经初潮的年龄符合人类在进化过程中设定的时间表。也就是说，随着孩子营养不良和健康欠佳状况的改善，月经初潮出现的时间越来越接近进化选择的年龄。

但是现今的年轻人生活在什么样的社会呢？很明显，是一个更为复杂的社会。成为成人所需时间大大增加了，确实，许多年轻人似乎不能在 20 岁前独立在 21 世纪的城市中生存。在我们的进化历史上，第一次出现了社会心理成熟发生在身体成熟之后的情况。但是我们为此要付出什么代价呢？

错位的成熟

成熟错位是西方社会备受争议的焦点话题，《时代》周刊也将其作为某期封面的焦点议题。虽然人们普遍认为，青春期较早到来是由于荷尔蒙受被污染食物影响等外生因素造成的（虽然外生因素对于其他问题，例如改变乳癌发病率等方面非常重要），我们仍然认为这并非错位的核心原因。因为在 100 多年前，社会条件开始改善，月经初潮年龄降低的趋势就已经开始了，而社会复杂化的趋势则始于几千年前。

因此，有一个问题变得日益重要，那就是年轻人在生理上与所处社会环境发生错位，他们进入成年期的时间推迟了 10 年左右。人们在探讨该问题时不是去追根溯源，而是用医学方法解决它——

如果女孩太早进入青春期，人们或许会采用荷尔蒙治疗来推迟其青春期的到来。但这种做法可取吗？我们这些孩子身上的现象仅仅揭示了他们的进化起源——发育限制已经没有了，他们只是在进入青春期的时间方面与其石器时代的祖先大致相同罢了。

基于上述原因，我们非常担心"青春期早熟"一词被应用到青春期提前的正常孩子身上。"青春期早熟"是一个地道的医学术语，用以描述由于器官疾病引起的青春期病态提前。例如，一些脑瘤会导致患者在两三岁时便进入青春期。"早熟"一词意味着反常现象，应该注意的是，尽管这种现象是错位产生的后果，但孩子青春期到来的时间仅仅是回归到基因决定的时间点，并非反常现象。

现代人的青春期错位现象是一个不可避免的根本问题。在人类产生15万年后，至少在西方社会，人们第一次将社会心理成熟之前达到身体成熟作为发育正常的判断标准。（我们希望）孩子的身体健康状况不会下降，因为这样他们才能继续较早地进入青春期。随着全球人口健康状况的改善，世界上越来越多的孩子会在 7 ～ 10 岁的时候进入生理青春期，并在 11 ～ 12 岁的时候完成生理上生殖能力的成熟。另一方面，社会的复杂程度不会降低，因此在未来，成为一名成功成年人所需要掌握的技能很可能进一步增多。我们会需要拥有更长久的童年时期来获得这些技能。

在发达国家，我们对年轻人寄予了很多期望，这些期望是受到社会解放和媒体信息的驱使而来的。社会将人的身体成熟与社会心理成熟混淆，因此我们会认为一个生理成熟的人即是一名完全成年的人，反之亦然。因此，在人类个体发育病例中，经常会出现这样的情况：一个人如果因为发育问题身高很矮，在他成为成人时，可能仍然被社会当做一个孩子对待；一个 6 岁的孩子，由于疾病而青春期早熟，可能看起来已经有 12 岁了，人们就会把他当做 12 岁的孩子来对待。这些例证听上去似乎不可能。这种印象和期望转移增加的并非只是那些早熟孩子的压力，而是增加了所有孩子身上的压力。媒体、娱乐业和广告业又雪上加霜，给身体成熟但心理尚未成熟的青少年带来了不可想象的巨大压力。媒体和营销业利用这种错位，帮助开发了青少年内心潜在的性意识。针对这个年龄群体的青少年杂志、流行音乐录像和电视节目的内容中充斥着潜在的、甚至是明显的性行为。这使得问题进一步复杂化了，因为它驱使这些年轻人完成性心理成熟，而他们的其他社会心理技能还保持着停滞状态，还要许多年后，才可以达到同样成熟的水平。

年轻人身上存在的许多问题被这种错位夸大了。想想现今学校的一个班，班里学生的年龄都在 15 岁，其中许多人如果没有社会心理成熟，也会完成身体成熟。他们的行为和冒险行动表明他们试图让社会将其当做成人对待，因为他们看起来像成人。由于他们还没完成社会心理成熟，不能洞悉社会各个方面的运作方式，因此，他们不能在身体和心理的成熟方面保持一致。社会用规章制度约束住他们的行为，规定他们直到岁数再大一些，才可以驾驶汽车或投票选举，这些规章制度带给青少年更大的挫败感。

这个问题是突如其来的，这些青少年的曾祖父母，甚至祖父母都未曾遭遇过类似的问题。因此父母和祖父母这两代人由于在他们的时代，社会心理和身体的成熟期一致，便仍然认为孩子的青春期与他们自己的青春期有相似经历，但是事实是两者差异很大。许多社会体制确实至今一直影响着年轻人，例如中学、高中机构，约束年轻人遵守社会制度的观念以及我们对于性教育的态度等等。这些社会体制建立于维多利亚时代，令人惊讶的是，从那时起他们就几乎一成不变地被传承下来了。

　　但是上代人还会用自己年轻时的经验和态度去指导年轻人处理问题，这使得这些孩子非常不适。在人类历史的多数历程中，性行为几乎不可避免地与生殖联系在一起，社会孕育了一系列有序的生命角色，究其原因，是由社会、经济和生理状况较好带来的。在欧洲社会，生命角色的发展遵循了以下的历程：接受教育、发展事业（对于男人来说）、求爱、结婚、性、养育后代。社会习俗有时会化身为道德规范，要求人们在繁育后代前必须先建立稳定的（最好具有法律和社会效力）关系。但是在现代西方社会，简单、可靠的避孕方法使得生殖行为与性行为清楚地分离开了。这种分离可能会鼓励性行为商品化，人类生育的繁杂细节并不会鼓励人们买车，但是它也改变了年轻人的行为方式，他们现在能够使用性交开始和探索新的人际关系，又不必过分担心由此带来的生理后果。我们可以看到由技术导致的行为改变促使文化快速演变，年轻人在我们社会中的态度与前几代人建立的社会制度的不融洽正在产生。

　　人们认为年轻人在进入青少年时期之前"不需要知道"那些知识，因此对其性教育的时间也较晚。但是这种做法目前来说符合现实情况吗？小至七八岁的孩子也一定会经历明显的青春期身体变化，因此他们需要理解这些改变意味着什么。这些处于青春期前期的青少年在 10 岁或 11 岁时便具备了生殖能力。提供适当的性知识是否是合适且明智的呢？我们自身对于青春期性特征的态度受到生理和社会心理成熟同步的传统思想束缚。但是目前乃至未来，两者并不可能是完全同步的，许多人的生理成熟会早于其社会心理成熟长达 10 年之久。仅仅说"他们不需要知道"并禁止对青少年传授相关知识，就其生理的现实情况来说都已经越来越不现实，更何况其社会心理情况更加不允许这样做。对于在不同时代成长起来的我们来说，不管是否生在有自由传统的社会，都会面临一些十分难以理解的问题。他们引起了我们内心的冲突，并给我们提出了棘手的难题。

但是我们需要找到答案——我们应该怎样帮助年轻人解决生理成熟先于社会心理成熟的这个问题？我们考虑这种错位因素越多，对我们自身和社会提出的挑战就越大。我们必须改变教育孩子和青少年的方法吗？我们是否必须将自身习惯与态度跟较早生理成熟的现实情况相适应？我们可以从那些青春期混乱现象较轻的社会中学到什么吗？在这个信息爆炸的时代，青少年内心潜在的探索意识比以往更加强烈，想要控制年轻人的思想变得更加不现实，在这种情况下，能找到减轻年轻人压力的新方法吗？我们不知道答案，但我们确信，如果继续忽略日益明显的青春期错位现象，意识不到其根本的、不可避免的本质，我们的年轻人和社会将深受其害。

第七章

奢侈的一生

阿尔比市坐落在法国南部塔尔纳河的转弯处，这里最著名的建筑当属阿尔比哥特式大教堂。这座教堂始建于 1281 年，由阿尔比大主教和副检察官贝那尔-德-卡斯塔奈（Bernard de Castanet）主持。13 世纪初，罗马天主教堂为清除这里的"阿尔比派"（"清洁派"的一个分支）派出了十字军进行讨伐，到 1281 年左右，"阿尔比派"已经基本消亡。阿尔比大主教和贝那尔-德-卡斯塔奈因而修建了这座教堂来纪念这一事件。阿尔比大教堂内部装潢十分奢华，代表了他们对"清洁派"极端禁欲主义教条的抗议。从某种意义上说，这座教堂象征着过去可怕的宗教冲突，而宗教信仰上的冲突正是 2 000 年前智人生活的主要方面。教堂旁边建有一座雄伟的博物馆，它由两部分组成，初看上去似乎非常不和谐。然而，这里却记录着人类这一物种的进化过程。博物馆里最吸引人的是图卢兹劳特累克画廊，劳特累克（Lautrec）就出生在阿尔比，他的作品是 19 世纪晚期崇尚享乐主义的巴黎社会的缩影。巨大的油画和海报描绘着巴黎人不健康的生活方式：跳舞的人、装腔作势的人、拉皮条的人还有妓女（常出现在烟雾缭绕的酒吧里的人），无一例外都被画了下来。博物馆的第二层陈列着整个地区的文物，其中最小的展品是一座雕像，它同其他赝品一样很容易被忽视。这座小雕像由 2.5 万年前一个不知名的天才雕刻家创作，之所以这样说，是因为这一地区也正是早期智人卓越艺术才能第一次得到完美展现的地方——

距今 1.7 万年刻有精美壁画的拉斯科岩洞距此仅有 160 千米。

人们在欧洲西南的许多地区都发现了维纳斯的象牙雕像，它们大都完成于距今 3 万年前～ 2 万年前，是已知最早的具象派艺术代表作之一。这些雕像大多刻画了一个体态丰满（或者坦白地说是肥胖的）的妇女，我们可以猜测这种表现手法的目的和意义。当时的人们一般认为，体态丰满的女性是生殖力的象征，代表着慷慨、多产和健康。这些雕像是人们对生殖力更强的女性的渴望，还是为了纪念阿尔比大教堂或劳特累克油画所反映的社会环境？对我们来说具有讽刺意味的是，早期具象派艺术以胖为美，而现在肥胖却成为最困扰我们的健康问题之一。

环境的巨大变化导致全球范围内越来越多的人饱受超重或肥胖的困扰，尽管非洲撒哈拉沙漠和亚洲的一些地区依然面临着贫困。过去的几十年中，世界上许多国家与"生活方式"相关的疾病大幅增加，特别是心血管疾病、肥胖症和成人隐匿性糖尿病。这些疾病的增加一方面是源自人类越来越长的寿命，因为这些疾病多发于中老年人中间。然而，最近我们甚至在年仅 3 岁的儿童中间发现了越来越严重的肥胖症患者，这些孩子步入二三十岁时极易患"成人隐匿性"糖尿病（非胰岛素依赖型或 II 型糖尿病）。

然而，这些变化最主要的原因在于一种新的生活方式：较少锻炼和更多高热量食物的摄取。北美人的平均体重在 20 世纪 90 年代增加了 4.5 千克，据估计，航空公司要运送这些人须额外增加 16 亿升燃油，并且还出现了新型的诉讼，航空公司因为让超重的旅客购买两张机票而被告上法庭。服装店现在订制的服装尺寸也与 10 年前大不相同，甚至连马桶的尺寸都要相应地更改。现在在西方国家，有超过 20% 的成人超重。1984 ～ 1998 年的 14 年间，英国肥胖儿童的比例也从 8% 上升到了 20%。甚至在像印度这样处于经济发展中的国家，城市中产阶级家庭中也有 10% 的儿童面临过度肥胖的困扰。

为什么生活方式的改变会导致疾病风险的增加呢？人类毕竟是几乎能在任何环境中生存的泛化物种，为什么富裕的环境反而导致了疾病风险的大幅增加呢？

人体"发动机"

营养不只包含食物的种类和数量，它还应该包括能源供给和消耗的平衡。人体"发动机"依靠能量运转，而能量又来自食物，其中，最主要的能源是碳水化合物。碳水化合物、脂肪和蛋白质经消化吸收后就转化成了人体所必需的能量形式——葡萄糖。能量转化通常发生在人的肝脏和骨骼肌中，没有能量，细胞就不能正常工作。葡萄糖进入细胞后，在线粒体（细胞内的动力站）的作用下被转化为能量，为身体各项生命活动提供动力。能量是细胞和肌肉活动所必需的，而且大脑电反应的过程也要依赖能量的消耗。能量的另一个重要用途是维护和修补我们的身体组织，例如皮肤细胞和小肠内衬细胞的更新。

脂肪、蛋白质和碳水化合物被合称为宏量营养素，如果摄取不足，人体的生长发育就会受到阻碍。宏量营养素也是组织发育（如肌肉和骨骼）所必需的，同时也为细胞的分裂和繁殖提供了能量。但是，身体的正常发育也不能缺少微量营养素，如维生素和微量元素。微量营养素对特定身体功能非常重要，它们主要是作为特定酶的催化剂或重要分子的组成部分，例如，碘元素就对甲状腺激素的正常分泌至关重要。

但是燃料的供给必须与消耗相平衡。如果人们消耗的能量少于摄入量，体重就会增加，相反，多余的能量就会以脂肪的形式被储存在皮下和腹部（即内脏脂肪）。如果能量摄入一直超高，脂肪就会在我们的肌肉和肝脏中堆积。这些脂肪是长期的能量供给，就像骆驼的驼峰一样，驼峰是骆驼为适应沙漠食物贫乏的恶劣环境进化而来的（还可以隔热）。

脂肪的能量最集中，这也是为什么动物在需要储备能源时首选脂肪的原因。例如，动物冬眠时，体内脂肪含量很高，相反，它们就会从冬眠中醒来。这种情况在迁徙的鸟类身上更为明显。7月，斑尾塍鹬会狼吞虎咽地吃掉从阿拉斯加半岛河口高潮线和低潮线之间的泥地上捕获到的蛤。它们不停地吃，直到体内的脂肪堆积成一个又一个厚圈。同时，它们的肝脏、肾和肠会大大地变小。当斑尾塍鹬开始从太平洋到新西兰 1.1 万千米的迁徙时，脂肪会占到其全部体重的 55%。随后，成群的斑尾塍鹬开始以每小时 70 千米的速度不停地飞行，4～5 天后就会到达目的地。在此期间，它们不吃任何东西，只依赖体内的脂肪，到达新西兰后，这些脂肪几乎会被消耗殆尽。它们的迁徙飞行是所有鸟类中最长的不间断飞行。

工业化革命以来，人类自身的能量消耗大大减少，而其他形式的能源消耗却在大幅增加（通过电和运输燃料的使用）。在西方国家，机器的出现大大减轻了工人体力劳动的负担，而在中国，成人肥胖症与机动车密切相关。许多发展中国家的妇女和儿童在提水、捡柴火和洗衣服方面仍然可以消耗很多能量，但在发达国家，这花费不了多少力气。在印度、中国和泰国，儿童肥胖症患者越来越多，这是因为步行骑自行车或其他形式的运动日益减少。即便在我们空闲的时候，我们也不去运动，而是沉溺在电视和电子游戏中。

如果儿童和青少年们花大量的时间看电视，那么他们长大后也会面临肥胖症、身体不适和胆固醇过高等健康问题。

身体重量的控制机制十分复杂。人们的体重不同，不仅是因为他们或高或矮，也因为他们存储的脂肪量不同。无论在冬天还是夏天，工作还是度假，人们的生活方式并没有太大的变化，因此人体内的脂肪含量也保持了相对的稳定。个体之间的这种差异似乎是天生的，这一定与我们各自的生理状况有关，绝非能源供给和需求那样简单。某些胖人确实食量很大，但是也有不能吃的，同样的饮食结构可能会让某些人体重减轻，却让其他人变胖。这种差异源自人体控制能量供给和消耗的系统。正如我们前面讲到的，这一系统形成于人类生命的早期阶段。

前面我们也已经谈及物种是如何进化以便能在它们各自的舒适区内生活。人类的能量系统，即代谢系统的特点（包括能量消耗），都是人类进化历史的产物，也是史前我们居住的环境的产物。我们的代谢系统并不适应现代环境的变化，因而我们有必要仔细探讨这一变化的后果。

节俭的身体

我们的新陈代谢系统与所居住的环境之间存在错位的这一观点是 30 年前由遗传学家尼尔（Neel）提出来的。他认为，基因在我们进化的过程中被选择出来是为了帮助狩猎采集者生存下来。他认为（也许是错误的）狩猎采集者既要面对丰收也要面对饥荒，尽管前者未对他们造成威胁，但是人类仍选择了"节俭基因"以帮助他们渡过饥荒。这些基因影响着一系列新陈代谢过程，包括促进脂肪的存储。现在，虽然人们居住在食物总是很充足的现代社会中，"节俭基因"仍不断驱使人体存储脂肪，所以我们就患上了肥胖症和糖尿病等疾病。

现在，我们认为尼尔理论的前提是不正确的，因为狩猎采集者能够根据食物充足与否改变居住地，所以他们的营养状况良好。而后来随着农业的发展，人们开始定居下来，情况就发生了变化。尼尔"节俭基因型"理论误导了一大批基因工程专家，使他们错误地寻找所谓的"节俭基因"。但也许尼尔的理论部分是正确的。因为遗传变异或许对糖尿病的形成确实有一定的作用，尽管是间接的作用（因为它改变了个体对其所处环境的敏感度）。

早前的一系列惊人发现改变了我们对人类发育过程中环境作用的看法。15年前，人们发现了第一个线索，这是一项人口系列研究的意外发现。如果婴儿出生时体重较轻，它们死于心脏病的风险或者在中老年患糖尿病的风险要比其他人高很多。我们的同事——南安普敦的大卫·巴克（David Barker）在《胎儿的矩阵》(*The Fetal Matrix*)一书中描述了这一发现的过程。最初，许多科学家包括流行病学家在内，都对巴克的研究表示怀疑。人们出生前经历的情况怎么能在50多年后影响他们患心脏病或糖尿病的风险呢？很多不同学科的专家们都尽力反驳这个发现，但是这一发现已经经受住了时间的考验，并且现在已经被其他一些研究成果所证实。

在过去10年中，我们和其他一些研究人员在实验室的动物身上再现了这一实验过程，为其提供牢固的科学基础。最新的研究表明，特定基因的后生修饰要为此负责。

这种影响不是单向的。尽管我们特别关注更加频繁出现的类似情况，就是从早期更加有限的生活环境中转移到以后更加富裕的环境中去的情况，但是有数据表明，从子宫中富裕的环境转变到出生后更贫穷的环境中也会产生这样的结果。埃塞俄比亚发生饥荒时，那些出生时较大的孩子更易患佝偻病——骨骼中如果缺乏维生素 D 就会导致佝偻病的发生。尽管数据有限，但是足可以表明这些孩子如果出生后面对贫穷的环境，他们患糖尿病的风险就会很高。

这些流行病学方面的临床试验研究表明了发育中的信号是如何限制和决定了人类能够健康生存的环境范围。如果我们居住在这一范围之外，错位就很可能会导致疾病的爆发。这些研究也帮助我们理解发育过程是如何进行的以及如何对周边环境作出反应。这就是"生态发育生物学"，虽然它的发展才刚刚起步，而且主要包含在植物、昆虫、两栖动物和爬行动物的研究当中。现在我们关注的是，它是否对人类也适用。

在子宫内

胎儿能对环境信号作出反应，这种说法我们并不陌生。希波克拉底（Hippocrates）发现，胎儿的健康状况取决于母亲的健康状况。的确，在 20 世纪早期，像斯柏曼（Spemann）和斯道卡（Stockard）这样的胚胎学家在工作中就已经发现，胎儿的发育过程中有一段对内部和外部环境刺激非常敏感的关键期。但是很久之后，医生们才开始认真思考胎儿是如何受到外界环境因素的影响的。20 世纪 40 年代，眼科专家诺曼·罗格瑞（Norman Gregg）在研究先天性白内障病源的时候发现，怀孕时母亲如果感染风疹（德国麻疹），能引起胎儿出生缺陷。1961 年，另一个澳大利亚人威廉姆·麦克布莱德（William McBride）发现，萨利多胺——怀孕期使用的止痛药，能导致胎儿畸形。在 20 世纪 60 ~ 80 年代，由于环境技术的发展，对动物特别是绵羊，子宫内胎儿研究的增加，使人们对胎儿发育的了解越来越多。我们发现胎儿可以通过许多其他方式受到外界的影响。如果母亲发烧了，胎儿也会发烧；如果母亲压力大，那么压力荷尔蒙信号会通过胎盘传递给胎儿（尽管强度有所降低）；如果母亲的营养状况发生显著改变，胎儿也会通过胎盘感受得到营养传递的改变；如果母亲由于生病或者处于高纬度地区而血氧含量低，胎儿的血氧含量也会下降。这样的例子不胜枚举。

在这一历史背景下，一系列的科学研究使我们了解到胎儿发育是怎样受到调节的。胎儿在出生前后的发育完全不同。人类成年时的高度由基因决定，统计数据也表明，儿童的身高同其父母的身高有直接关系。但是，基因对胎儿发育的影响要弱得多，而且其发育控制机制也有差异。胎儿的大小取决于母体子宫内的环境，与基因并无太大的关系，这样才能确保胎儿出生时可以顺利通过骨盆。20世纪30年代的研究中，沃尔顿（Walton）和哈蒙德（Hammond）进行了设得兰矮种马和夏尔重挽马的杂交实验。实验结果表明，驹出生时的大小取决于母亲的体形大小。近年来，随着辅助生育技术的发展，研究人员用一种更细致的方式重做了以上实验，得到的结论仍然相同。也就是说，胎儿的发育主要受母体环境的制约，而不是她的基因（或者准确地说胎儿的基因）。的确，研究者发现胎儿出生时的大小同卵子接受者而非捐献者的体质相关。

胎儿的生长最终要取决于母体所能提供的养分以及胎盘传输的氧气情况，因为胎儿无法通过其他方式获得食物和氧气。胎盘也一定能够排泄废物。我们现在已经对这一复杂的营养供给系统了解较多，尤其是胎盘完全发挥功能的妊娠期后的 2/3 时间里。我们也知道这一系统会受到许多因素的干扰：第一，如果母体健康状况欠佳，那么有限的养分会首先被用来维系母体的需要，胎儿可以吸收的养分自然就会减少。从进化的角度来说，胎儿是可以牺牲的，因为只有母亲活着就能再次怀孕，基因也可以保存下来。但是如果母亲死了，胎儿也将死亡，那么基因无论如何也无法传递给下一代了。第二，这一营养供给系统还要依赖于子宫的血液供给情况。如果母亲生病，子宫的血液供给就会受到影响。第三，胎盘要正常工作也要消耗母亲提供给胎儿的一部分氧气和养分。妊娠期糖尿病或子痫前期症（一种影响胎盘血管的疾病）都会损害胎盘血管。此外，疟疾导致的感染也会影响到胎盘的正常工作。如果母亲患上这些疾病，只有一小部分养分可以到达发育中的胎儿，而且前提是胎儿的心脏和荷尔蒙状态都很正常。

因此，胎儿所获得的营养不仅仅是母亲所吃的东西，母亲摄取的食物既要满足自身需要，还要提供给发育中的胎儿，但是，两者的营养需求是不同的。胎盘可以分泌荷尔蒙，改变母体的新陈代谢调节，使其较少依赖葡萄糖，这样才能有更多的养分输送给胎儿。同时，母体的代谢系统越来越依赖于其他形式的营养素（如脂肪）。我们知道，在饥荒发生时，如果母亲妊娠中后期每天的食物摄取量低于800千卡，那么胎儿出生时的体重就会大幅降低。

但是，母亲饮食上的细微变化也能影响到胎儿的成长和发育。在发展中国家，母亲的营养状况很差，而且还要承担较大的工作量，因而胎儿出生时体形更小。在发达国家，如果母亲在怀孕期间从事剧烈的体育运动（如马拉松），那么胎儿出生时就会更小、更瘦。一般来说，适度的运动加上适当的营养摄取是安全的。此外，一些研究还表明，即使母亲饮食上的失衡不会影响胎儿出生时的大小，也会对孩子以后的生活产生或多或少的影响。

在动物和人类身上，基因表达的许多重大改变都是在怀孕前几周发生的，包括怀孕 6 ～ 8 周时，此时妇女可能还没意识到自己已经怀孕。这段时期，尤其是怀孕的第一周，决定基因表达的 DNA 正在经历后生遗传变化（这一变化不仅控制胎儿以后的发育，还会对其一生产生影响）。这一时期也是胎儿基因与环境相互作用最显著的阶段。研究表明，母亲刚怀孕时的营养状况同妊娠期间的营养状况一样都会影响到胎儿出生时的大小，也就是说，胎儿的发育要取决于母亲长期的营养状况。由此产生了一个重要的公共健康问题，即母亲怀孕前的健康状况也会影响到胎儿。那么我们怎么才能保证优生优育呢？现在，大约有低于 50% 的女性会在怀孕前积极的计划，这一挑战不仅局限于女性。有数据表明，环境因素也会影响到男性精子的后生遗传变化，并进而影响到胎儿出生前后的健康状况。

以上，我们关注的只是葡萄糖和氧气这样的主要营养素，因为它们对胎儿的发育起着主要的调控作用。但是，胎儿的正常发育也离不开脂肪、氨基酸和其他微量营养素（包括来自母体的维生素）。我们在夏尔巴人身上进行的实验表明了母体碘元素缺乏的后果，如果母亲缺乏微量营养素，胎儿也是如此。因此，孕妇在妊娠早期常被建议补充些铁和叶酸。在世界的许多地区，人们越来越关注维生素 A、碘元素、锌元素、维生素 B_{12} 以及许多其他微量营养素的摄取情况。

胎儿也可能会营养过剩，当然只在一种情况下，即母亲患有妊娠期糖尿病。如果母亲体内的葡萄糖水平过高（由于已经患上糖尿病或有高血糖倾向），胎儿体内的葡萄糖水平也会随之升高，这会促使胎儿胰腺分泌胰岛素。而如果胎儿体内胰岛素水平过高，脂肪就会聚集在胎儿体内（因为胰岛素能促进脂肪细胞吸收脂肪酸）。

因此，患有妊娠期糖尿病的母亲的胎儿更大、更胖，显然这也为分娩带来了难题。这些孩子出生后也会更胖，患上糖尿病的风险也要比正常人高，而且，他们的下一代也会面临同样的问题。由于胎盘的荷尔蒙可以改变妊娠期妇女的新陈代谢方式，因此有时会出现糖耐量异常。现在，人们也开始更多的关注由此导致的全球范围内肥胖症、糖耐量异常和糖尿病的上升。

我们已经讨论了胎儿生长和营养摄取的极端情况，但是胎儿发育是一个持续的过程，胎儿能感受到来自母亲的营养信号，并作出反应。在极端情况下，这种反应体现在胎儿生长发育上的变化，但是即便这种信号传递保持在正常范围内，许多细微的变化也会对胎儿的一生产生影响。

胎儿的选择

营养传输的方式可以根据母体的环境作出调节，这是进化选择的结果。哺乳动物胎儿发育的调节以胎儿营养状况与母体营养环境的良好关系为基础，选择会集中在正常怀孕上。因为在过去，母体健康状况欠佳或胎盘功能紊乱都会大幅降低胎儿活到成年的可能性。由此，通过进化，胎儿形成了根据来自母体的环境信号作出反应的能力（来自母体的环境信号反映其出生后将要面临的环境状况）。

我们对胎儿感知环境的后果研究越深，就越会发现胎儿已经在进化过程中形成了根据感知的情况作出明智的生理选择的能力。我们将这些选择分为两种——一种是可以给予胎儿即时优势的选择；另一种则是对其以后生活有利的选择。我们认为两种选择类型都具有适应价值，这就是为什么哺乳动物会在进化中同时获取两种选择能力的原因。这两种类型的选择分别被称为短期（或即时）适应反应和预测适应反应。

短期适应反应可以使胎儿在即时出现的环境危机中生存。有时环境的改变非常短暂，仅仅涉及胎儿的体内控制（自我平衡的）过程，与成人的体内控制过程相似。例如，如果脐带短时间内纠结在一起，导致氧气供给不足，胎儿会在此期间内减少不必要的运动以尽量保存氧气。但是胎儿还要面临一些可能会持续几天或几周的环境压力，这些压力可能是由母体营养或健康状况持续不良导致的。显然，如果营养供给严重受限，胎儿便会减缓发育。这是由于胎儿会通过不均的分配血液供给来保证自身生存，他们会限制肌肉、肠、肝和肾的血液供给，而保证营养能够供给到大脑和心脏，因为大脑和心脏的血液供给对维持胎儿的生命至关重要。如果胎儿心脏不能正常地发挥功能，那么血液就不能通过脐带传输至胎盘，胎儿也就无法获得足够的营养和氧气。

大卫·巴克的早期研究帮助我们更好地理解预测适应反应。我们提出，胎儿能够根据母体信号感知环境，并利用这些信息预测（或预告）他们出生后将要面临的环境。食物供给是一个重要的环境信号，荷尔蒙变化体现出来的母体压力很可能是另一个重要信号，但是还有很多其他环境信号是出生1个月后的婴儿才能够回应的，例如体液流失、季节和母体行为。例如，有些母鼠会为幼仔提供充足的食物，而另一些则不能。那么，前者生下的幼仔与后者相比，压力荷尔蒙反应更小，焦虑水平也更低。

极端的环境信号变化能使胎儿作出即时反应，从而确保自身生存，而预测反应却能够对胎儿感知到的较小环境变化作出反应。胎儿努力将其发育塑化阶段形成的生理特征和与其要生存的环境匹配，这样做确实会为其带来生存优势，即最大适切性，并确保基因顺利遗传给下一代。因此，发育可塑性过程（包括预测的能力）不断进化而来，预测对于改善终身匹配潜能起到了很大作用，因为我们不能一生都处于塑形阶段。

新陈代谢调控系统的许多方面都是在人类早期发育阶段建立起来的。调控系统的每一部分——食欲、营养分配、不同器官新陈代谢的需要（如组织、肌肉、脂肪等）以及控制新陈代谢的神经与荷尔蒙等方面都要受到发育因素影响。例如，跟其他哺乳动物一样，人类心脏与骨骼肌的细胞、脂肪存储细胞、甚至肾脏中形成尿液的肾单位的数量（帮助控制血压和产生尿液），都是在人类出生前被设定好的。

后生变化可以引起基因表达的改变，这对以上提及的过程非常重要。如果母鼠怀孕期间营养状况发生变化，我们可以在它的幼仔组织中发现基因表达的永久改变（脂肪和碳水化合物的代谢以及激素反应），这种改变的部分原因是后生修饰。如果怀孕期营养状况改变的母鼠，我们从其后代体内提取的组织中可以发现这一点。现在还无法解释清楚这种复杂的发育现象以及长期后果。

发育塑形阶段的这些变化进一步调整生物体与所处环境之间的匹配程度，使我们可以通过调整自身生理状况来适应预测的环境。这无疑为人类提供了一种生存优势，它没有消除基因变异，相反却为其提供了保护。改变表型（而非基因性）正是人类为适应环境而采取的方法。

母亲是可靠的目击者吗？

胎儿只能够以自身预测的未来为基础作出预测选择，而预测选择又要取决于传感系统的可靠性。来自母体的信息对于当前，尤其是未来的，外部环境的反映有多可靠呢？传感系统可以通过胎盘检测到不同营养物质和相关的信号（例如压力荷尔蒙信号），但是没有任何一个预测系统能检测到所有信号，胎儿的预测系统也不例外。从进化角度来说，这并不重要。在其他条件相同的情况下，倘若预测准确的情况多于错误情况，数学建模结果证实，胎儿仍可以通过这一预告系统获得生存优势。

胎儿或初生婴儿获得"错误信息"的情况也很多。如果胎盘不能正常发挥功能（如母亲患有子痫前期症），输送给胎儿的养分就会减少（暂不考虑母亲吃什么）。此时，胎儿就预测出生后的环境会很差，并相应调整其营养和新陈代谢状况。结果很可能是调整后的身体仍然与环境错位，现实发生的情况往往也正是这样——胎儿预测出相反的出生环境，由此作出与富足环境错位的选择决定。

母亲吸烟会阻止胎儿的营养供给，从而导致胎儿预测未来环境中营养条件较差。许多女性，即使是在富足的社会环境下，也可能在怀孕时或怀孕早期饮食不均衡。这可能是因为她们想要减肥，或没有意识到自己饮食不均衡，或是其他的生活方式等因素造成。南安普敦的一项新研究表明，高达50%的女性在怀孕期间的饮食是不合理的，低教育程度的女性更是如此。因此，我们应该对这些女性加强有关饮食、怀孕和婴儿健康方面的教育。在日本，婴儿出生时的体重呈下降趋势，这是由于女性怀孕前会节食，因为日本妇产科医师相信，在孕前限制体重有助于降低患子痫前期症的危险。在许多国家，女性在怀孕晚期也会节食，因为她们相信这样可以减少婴儿出生时的危险。全世界范围内，怀孕女性中意外受孕的比例很高，因此女性往往没有做好准备就怀孕了。但是这样做，她们会误导胎儿，使他们对今后要面临的环境作出错误判断。

即使女性饮食非常均衡，其后代的发育、成长还是要受到正常母体局限性的影响。这种现象在每个孕妇身上都或多或少地存在，尤其在第一次受孕、怀有双胞胎或是在极限年龄（年龄极高或极低）怀孕的女性身上更能体现这一点。这种情况下，胎儿也能够感知到即将面临环境营养情况的上限。在农业发展之前，这一点可能无关紧要，因为那时并不存在能量密集型环境，但是现在却是很重要的了。

我们前面已经提到：母体错误的营养信息会误导胎儿，从而产生局限性，这一点可能给我们这个物种的进化带来困境，因为预测反应往往使我们以为要面临一个比孕期更为艰难的生活环境。因此作为一个物种，我们要提前适应可能比现在更艰苦的环境，这将我们抛向了安全边缘，促使我们储存能量。但是当我们的营养环境变得富足，预测内容与现实不符的矛盾就凸显出来，结果这些出生以前的预测就从优势变成了劣势。

改变中的世界

本章剩下的篇幅将集中探讨人类在局限环境下发育、富足环境中成长这一常见情况，这使人类在出生后储存过多能量，个体也将面临代谢失衡。

错位可能源自以下几个原因：首先，发育中的胎儿由于母亲患病或其饮食不均衡出现预测失误；其次，母亲营养过剩加上缺乏锻炼也会使母体传递给胎儿的信息具有局限性，或者环境发生改变的时间段没有超过一代人。从印度次大陆乡村移民至孟买等城市的青少年会突然处于营养更为富足的环境，而身体活动却大为减少。经济移民和难民经常从较贫困的环境移居到较富足的环境中，他们根本无法使自身与即将面临的生活方式匹配。

假设胎儿在发育过程中，根据母亲给自己的信号判断出生后将面临贫困的环境。对于这个胎儿来说，什么样的预测反应是最好的呢？胎儿会为在营养匮乏环境中生存而调整自身发育和生理需要。他们会减少肌肉，尽可能多的存储脂肪来储存能量，并在将来可能会偏爱吃高脂肪食物。这样做是要付出其他代价的，由于胎儿采取迅速生长的策略，认为自身会面临较短而非较长的一生。他们的肾单位会发育得较少——以为自己不会存活那么久，因此不必拥有较多的器官单位。胎儿还会降低胰岛素使葡萄糖进入肌肉细胞的能力，降低肌肉对能量的需求。

实际上，这些变化是很微妙的。有时是肌肉和骨骼发育上的细微变化，有时是肝脏新陈代谢方式略微改变等等。如果个体生存的环境与预测环境匹配，婴儿体内这样微妙的变化就不会有很大影响。但事实是，婴儿往往会出生在一个富足的环境里，并倾向于存储脂肪。这一系列情况综合起来，导致这些小变化意义非同寻常。

大多数婴儿在出生后体重和脂肪都会下降一点，直到5岁时脂肪才会"反弹"。因为正常初生婴儿在发育时会遭遇一定程度的母体限制，几乎每个婴儿都会面临出生前与出生后环境的错位，重要的是这种错位的范围和出现的时间。出于这个原因，婴儿摄取的营养不论是过剩还是贫乏，都能够使其今后的人生面临惊人相似的后果。

婴幼儿的营养仍然由母亲提供，母乳质量受母亲健康状况影响。在传统社会，如果母亲患病，初生婴儿死亡率就会升高，如果母亲去世，婴儿就不可避免地会夭折（不幸的是，全世界每年都会有50万名妇女会在孕期或分娩时去世）。婴儿在断奶前后都需要依靠母亲获得食物，还不能离开母亲独立生活。如果出生后还是不能得到足够的营养供给，婴儿就会延长其出生前采用的反应策略，当食物充足时，他们会迅速增加体重。另一方面，牛乳喂养的婴儿也会出现营养过剩，因为牛乳比母乳富含更多能量。最新研究表明，牛乳喂养的婴儿更可能在长大一些的时候变得肥胖。通过这些观察，我们可以得出3个结论：首先，由于发育塑形阶段和预测反应会导致新陈代谢调控系统的永久改变，因此，生命早期的情况，如营养改变对人类具有长期影响。其次，尽管我们未能掌握初生婴儿营养摄取情况的足够信息，但是婴儿不应摄取过量脂肪，或摄取营养不足。最后，任何情况下，母乳对婴儿的健康永远是最好的。

新陈代谢失衡

现在，我们已经知道新陈代谢失衡会导致心脏病或糖尿病。在发育时期形成的对高热量、高脂肪食物的偏爱以及这种偏爱对脂肪调控系统的影响会导致婴儿体重增加，并最终使其患上肥胖症。在能量摄入较高的情况下，胰岛素抵抗将损害胎儿的血管内壁，并诱发炎症或动脉粥样硬化的形成。这种损害还会给胎儿造成其他影响，如肥胖症、肾单位数目减少以及毛细血管密度降低等，这些都使胎儿将来患高血压和心脏病的风险大大增加。预测要生于贫困环境却最终生活在富足环境下的孩子会患上肥胖症、胰岛素抵抗症及高血压，目前这种现象非常普遍，被称为"新陈代谢综合征"。患有这种疾病的人患糖尿病、心脏病和中风的概率会大大增加，患有这种综合征的症状越多，他们的寿命就越短。在西方化社会中，这种情况越来越多见。

这个问题对于那些教育程度低或生活在发达国家或发展中国家社会经济收入较低的人群来说尤为重要。中产阶级和接受过良好教育的人往往能够找到改善自己生活方式的最佳手段——节食、锻炼身体、改变住处等等。他们将本应用于更短暂生命的资源用于维持和改善自身及后代健康，但即使调整生活方式也仅可以降低他们的错位程度。生活较贫困者更加不幸，他们与其他人一样遭受新陈代谢失衡带来的影响。但是有时由于其教育程度低下，不能或没有机会改变生活方式，因此受到错位的影响更大。他们能买得起的食物往往含有很高的脂肪或碳水化合物。生活贫困者健康状况更加不容乐观，他们的贫困是慢性疾病的罪魁祸首。

有一点是很清楚的，人类在生命后期遭受的疾病与生理上的微妙改变有关，而这种改变我们可以在其童年时代探寻到根源。越来越多的肥胖症患者会在童年时期便出现征兆，这种现象与程度较高的发育限制不无关系。例如，第一胎的孩子更易患儿童肥胖症，母亲怀孕期间营养不均衡也会导致儿童患童年和青春期肥胖症，也会增大孩子以后罹患糖尿病的概率。儿童时期生理上的细微改变会随着错位程度的加剧显著影响他们未来的健康。现在，孩子的食物热量越来越高，身体锻炼却越来越少，以前，只有成人才会患"成人隐匿性糖尿病"。而现在，儿童和青少年患这种糖尿病的概率呈明显升高趋势。一代人以前，这种现象非常罕见，患病案例都被记载在医学杂志上，现在这种现象很普遍，这也是孩子们为自己的生活方式付出的代价——喜欢看影碟、打游戏，不喜欢踢球，喜欢吃汉堡而不喜欢吃蔬菜。

人类在许多方面都是一个成功的物种，但是我们也为此付出了代价。问题不仅存在于发达国家，因为错位概念适用于一切社会经济状况——发展中国家贫困状况得到改善，发达国家则由优越环境变为过度优越。我们开始看到，"新陈代谢综合征"在发展中国家也开始流行起来，因为发展中国家营养状况的变化要比发达国家迅速很多。人们预测，到2025年，印度罹患高血压的人数会从2000年的1.18亿人上升到2.14亿人，同时，糖尿病患者会增加3倍——由1 900万人增长至5 700万人。这些都使社会背负了巨大的健康负担，个人、社会、经济和政治都要付出代价。

在印度这样的国家，胎儿出生时体形都偏小。他们预测出生后营养环境会很差，但实际上他们出生后会接触到西方化的饮食，或者丰富的亚洲饮食，他们的身体根本无法适应这种剧烈的变化。不同的孩子会有不同的表现，但是后来都会患上糖尿病。这些孩子的母亲出生时身体也很小，也经历了同样的营养转变，因此在怀孕时期更容易患上糖尿病。在这两种情况中，胎儿发育不良是问题的起点，个体或母体都是由于营养错位而导致出生时体形较小，且容易罹患糖尿病的。

为什么印度次大陆的女性会生下体形较小的孩子呢？其原因一方面在于几代女性处于贫困状况下，导致童年时期营养不良和发育迟缓。女性在很年轻的时候就可以生育孩子，她们营养状况在怀孕前和怀孕期间往往欠佳，有时还要承担一些工作。由于信奉素食主义而缺乏某些微量元素也是原因之一。错位风险显然与基本的社会、文化和态度问题也息息相关。人们甚至一度认为，印度人易患新陈代谢综合征是由于一个特定的基因，即尼尔所说的"节俭基因"。但是现在，错位的出现好像与人类所生活的环境特征关系更为密切。我们现在确实应该看到，新陈代谢综合征在栖居次撒哈拉的非洲人身上也出现了（如果他们也遭遇营养变化）。

解决错位问题

我们可以通过两种方法来解决错位问题：一是改变胎儿的预测；二是改变生命后期的环境使其与生命早期预测的环境相符。发达国家多采取第二种方法——如提倡健康饮食和适量锻炼。这个方法逻辑上很有说服力，但对于许多人来说可能价值有限，达到匹配所需要的调整程度可能太大，因此并不现实。解决错位问题可能需要药理学介入而不仅是改变生活方式就能实现。

人们在认识上通常存在这样一个误区：由于母亲处于匮乏的社会经济和营养环境之中，胎儿会预测自己出生后也要面临同样的状况，因而他们在出生后能够很好地应对营养有限的状况。我们和其他科学家的研究结果表明，抑制发育和降低能量消耗是胎儿为应对恶劣环境作出的合理适应反应，但是这些反应不是没有代价的。如果营养有限，那么认知发育就会受到抑制，感染风险也会增加，这对于发育中的孩子有很严重的影响。著名营养学家约翰·沃特罗（John Waterlow）说："现在有人说抑制发育是为了让孩子能够存活下来，他们还将其标榜为适应，这是我们决不能接受的。"我们认同沃特罗的说法。从伦理道德角度看，每个处于这种环境的孩子必须得到正常生长发育的机会，但是必须有合适的营养支持和能量环境，才能使他们避免患上肥胖症及由肥胖诱发的其他疾病。我们还必须找到通过干预胎儿生命早期状况来降低孩子出生时体形较小的概率和出生死亡率的方法。

由此，我们可以尝试另一种方式来解决错位问题，即通过改进胎儿和婴儿的健康状况来改变它们的预测。我们认为这种方法可能更为有效，尤其对于印度这样的国家。在印度，新生儿过小的问题已经持续了好几代，同时印度年轻妇女或女孩社会地位较低，社会也没有足够的投入去关注她们的生活。如果我们能改善她们妊娠期间的营养状况和生活环境，那么她们的后代将更容易与环境达成匹配。可以显著改善环境的方法其实很简单，但是，虽然理论上这些方法都很容易掌握，却很难真正应用。这些措施包括，女性应推迟第一次受孕的年龄直到骨盆发育完全成熟。也就是说，应该至少在初潮4年后再开始怀孕，这样才能确保女性有良好的营养状况来完成生育。此外，女性在孕期还要有足够的营养支持，并避免繁重的体力劳动。另一个简单措施就是鼓励人们戒烟。吸烟和胎儿是完全对立的，现有数据已经表明，如果母亲吸烟，婴儿更容易与生活环境发生错位。

我们还可以采取一个更未来派的措施，近期实验研究增加了通过治疗新生儿改善错位程度的可能性。研究人员给新生老鼠注射一种正常情况下由脂肪分泌的荷尔蒙，这样它们会认为自己比现实更胖。这种方法对小狗不起作用。但对于营养不良的母狗来说，他们往往会患有肥胖症，并存在胰岛素抵抗现象。而通过注射荷尔蒙可以阻止肥胖症的发展，即使喂小狗大量高脂肪食物，也不会使其发胖。这种策略对于人类来说是否适用呢？

在本章中，我们已经阐述了心脏病和糖尿病患病概率升高的原因在于发育塑形和出生后环境相互影响而产生的错位。我们重点讨论了发育对形成这种错位的影响，但是也提及了一些基因因素。现在，人们已经发现了更多能改变胎儿感知或反应环境信号的基因，至于感知能力能否像尼尔最初阐述的那样，在我们进化时期被选择，还不得而知。

我们也许可以假定人类这个物种通过进化本可以逃避这样的厄

运，但事实却并非如此，可能因为这些问题没有干扰我们的繁殖适切性。不久以前，只有中年人才会患上这些疾病，那时他们多已完成了生育，进化不能对生殖停止后出现的特点进行选择。而且这种错位现象来得太快——长寿（到达或超过中年）是 20 世纪和 21 世纪才出现的现象。

尽管我们重点讨论了错位的新陈代谢基础，但是这些变化并不能单独发生。通过调节新陈代谢以使人类与预测食物环境匹配是一个重要因素，但是其他因素也同等重要。正如前一章所述，当预测环境状况欠佳的时候，后代会选择尽快成熟以便尽早繁殖后代，因此那些出生时身体较小的婴儿很可能会出现青春期提前的情况。他们不会对维护自身健康投入很多，因为长寿并不是一个成功的生存策略。因此，出生时身体较小的动物和人类，寿命都很可能较短。

进化提供给我们将生命过程与我们预测环境匹配的工具。过去，这个工具很有效，可以帮助我们提高繁殖成功率，但是现在这个工具却正在慢慢失效。人类物种很善于改变环境，但是环境改变的程度已经远远超出我们生理所能应对的范围，而且我们也要为此付出代价。我们真的是在作茧自缚。

第八章

90 年

有确实记载的寿命最长的人是法国的卡尔梅特女士（Calment），她活到 123 岁。我们猜测旧石器时代人的平均寿命最高可以达到 25 岁，这可能有些误区，因为许多婴儿在出生后不久或者在幼年时就会夭折。根据现有的旧石器时代人类骨骼记录重新计算，如果我们能够度过艰难的童年时期进入成年，那么人类平均寿命应该在 35 ～ 40 岁之间。这个数字可能看上去很低，但令人惊讶的是现代人的寿命与他们的祖先相比并无太大差异。

诺贝尔奖得主罗伯特·福格尔（Robert Forgel）在其著作《摆脱饥饿与过早死亡》(*The Escape from Hunger and Premature Death*) 中，记录了过去 400 多年间人类平均寿命的变化。1725 年，英国人平均寿命仅为 32 岁，而对于移居到条件稍好的北美地区的人来说，人均寿命却是 50 岁。在 19 世纪初的工业和政治改革时期，英国人和法国人的平均寿命仍然低于 40 岁。到了 1900 年，英法国家几乎赶上了它们的美国同胞，但即使这样，两国人口的平均寿命也只有 48 岁。但到了 1950 年，人均平均寿命一跃达到了 68 岁，1990 年提高到 77 岁，预计在 2050 年有望达到 90 岁。而日本妇女的平均寿命已超过 80 岁。

随着各国经济的迅猛发展，人类的平均寿命发生了巨大变化。1950 年，印度人均寿命是 39 岁，40 年后则增长到 50 岁，而中国这时期的人均寿命分别是 41 岁和 70 岁。大批人口步入中老年是最近才出现的现象，当越来越多的人步入老年，人类将面临全新的年龄结构。

人类寿命的变化揭示了许多潜在的错位。我们的生理构造决定了我们的寿命吗？身体老化是由于身体器官组织超过自身预期寿命吗？活得过久意味着毒素累积已超出我们能应付的范围吗？女性活得越久绝经后的时间就越长。是她们的生理结构决定这种情况发生的吗？绝经后的时间延长会给女性带来危害吗？这些都是潜在的错位，过早死亡风险的降低导致了这些错位的产生。

疲　劳

20世纪，消费文化显著发展。新型制造加工业与新中产阶层的兴起，为消费品生产（从圆珠笔到汽车）提供了动力，一批新的广告人成为劝说公众购买产品的专业人士。发达国家对这些商品的需求会持续不足吗？这个问题使工业家非常苦恼，因为他们非常渴望销售额的稳定增长和投资的扩大能带来产业的扩张。但是这种现象会持续下去吗？每个人都已经买到他们想要的所有产品，这样的时代不会来临吗？显然这终将实现，不管今年新款的汽车多么漂亮时尚，也不管食品搅拌机多么精巧，公众的购买需求总有已经完全被满足的时候，除非他们想要替换那些旧的烤面包机和汽车。但是，如果这些东西坏了，又修不好，那么市场的需求便会永无止境。否则，制造商将无利可图，我们都十分清楚这个道理。假设你买了一个真空吸尘器，因为它具备你所需要的所有功能——如高效率的发动机（能吸走房间死角令人讨厌的碎屑）、灰尘过滤器、可自动回卷的电源等等。而且，所有零部件都保修一年或者更长时间，但不管保修期多长，期限一过，这东西莫名其妙的就坏了。如果你拿去维修，零售商告诉你它已经超过了保修期，但是……"我们可以拿去修理，可时间会长一点，而且不确定要花多少钱来维修。你看要不要考虑买个新的呢？"

人类也会经历跟这些消耗品相似的情况。我们年龄大了以后会更容易生病，有时要恢复到生病以前的状况很难。或者即使可以，也要花很多钱。而且这些情况很难预料。人寿 / 健康保险就是基于这些风险要素来承保的。但有两个重要问题值得注意：第一，为什么我们的身体会衰老？第二，影响因素有哪些？为什么人类也会有"青春保质期"，而且在这段时间里我们不容易出现问题呢？由前面的讨论可知，我们要想得到问题的答案，不仅要考虑我们成年时期身体的消耗，也要探讨进化与发育的生理过程。

修复功能

发育有可塑性的特点。在一段时期内，为了满足即时需求和预测到的未来需求，我们的身体结构和功能会发生相应变化，但这一时期会在个体完全成熟前早早结束。从生理角度无限拓展可塑性会付出高昂代价，但是过了这段时期，人体各部分器官必须经过维护、保养和必不可少的修复，就像汽车厂商只能对一辆新车在规定公里数和转数范围内进行质量保证一样。所以为了使年轻的身体保持健康，我们需要不断的保养和修复任何细微的损伤。最简单的例子就是，如果皮肤被划伤或骨骼断裂后，我们必须要进行治疗。但是这个修复过程实际上会更为深入，甚至会影响到身体中的每个细胞。

这种修复会不可避免地消耗很多能量，因此不能无休止地持续下去。从进化角度说，一旦生物体完成繁殖，对其投入就几乎没有太大价值了。在人类进化的绝大多数时间里，人类的寿命都较短暂，短暂的寿命意味着几乎没有选择的压力来维系老年时的身体修复，就像真空吸尘器制造商不会选择生产永远也用不坏的产品一样。因此，人类在进化中形成的生命历史策略，是保护那些更年轻且繁殖能力更强的个体，确保基因能够传递给下一代。

任何汽车终将坏掉，无一例外。与此相似，人体的修复能力也会逐渐下降，随着老年的到来，我们会逐渐感觉到这一点。这种下降在那些维护需求最高的组织上表现得最为明显，如那些不断分裂新细胞的皮肤和肠内壁组织。随着身体的老化，这种修复的效力会越来越低，血管中的细胞也会出现相似情况，因此细胞壁更易受损和破裂。由此，身体重要系统就会逐渐失灵，并最终导致疾病和死亡。

但人类与所有动物不同，他们知道人终有一死。因此，他们会竭尽所能地延迟死神的到来。人们相信宗教上所谓的来世，希望这样可以否定死亡，人们也不再容忍繁育结束后身体维护功能下降的进化规则。人们很高兴地发现，自己的身体就像汽车一样在年轻时存在保修期和修复功能，但我们依然希望这个保修期越长越好。许多药品的作用都是阻止传染性疾病的蔓延，因为这些疾病会导致人类过早死亡。目前，人类已经可以治愈诸如天花、脑灰质炎、麻疹等疾病，但人类仍在同其他一些疾病进行抗争，如艾滋病、流感、疟疾、血吸虫病等。另外，我们也更加关注有助于保持健康的一些生活方式，如摄取更好的营养、呼吸清新空气、饮用纯净水以及使住处与工作地点远离石棉、辐射、碳化灰尘等的污染。人们还通过立法惩治那些因预防措施不力导致雇员遭受意外的雇主，并开展教育项目提高家中的安全，以避免火灾或漏电事件的发生。结果，在过去 100 年中，人类寿命大大增长了。最初主要是源自儿童死亡率的逐步下降，更近些时候，任何年龄段人群的死亡率都呈现出了下降趋势。

活得更久

人类寿命延长的代价之一就是在中老年时期罹患疾病的情况迅速增多，这些疾病包括癌症、糖尿病、神经衰退、心脏病以及由正常衰老带来的骨质疏松症、骨关节炎和智力下降等。其中，一些疾病要归因于人体修复和维护系统的衰竭。研究老年医学的专家对人类衰老的特殊过程持不同看法，他们认为，衰老或者是因为人体已不能再支持其维护功能，或是环境对细胞功能的影响加剧，或者这些组织存在一种内在的衰老过程，注定其寿命有限。尽管人们对于衰老有多种解释，但是最终都归于一种可能性。有一种理论认为，人类要在人体发育、繁殖的投入与修复功能之间进行取舍，我们赞同这一说法。根据这种理论，那些生命短暂的物种和人类应在修复中投入更少，而在繁殖方面投入更多。反之亦然。

一旦个体停止繁育后代，就不会面临选择压力（有一种例外我们稍后讨论），因此也不存在对内在衰老过程的选择。妇女从 35 岁后生育能力便开始下降，更年期后就停止生育。这可能是因为女性在胎儿时期形成的卵细胞逐渐变老，因而生育功能退化。

男性的生育能力从青春期开始后会贯穿整个生命，但我们推测在旧石器时代，男性的生育能力也会随着年龄的增大而降低。有一些证据可以支持这种观点，例如，男性体形比女性更高大，这是竞争对体形选择的结果。更高大、更健壮、也许更年轻、更健康的男性在选择配偶上更具优势，年老的男性就不具此优势。老龄男性如果错过选择配偶的最佳时期，就会像年迈的雄狮一样，被年轻的雄狮赶出狮群，孤独终老。但也有例外，如在一些灵长类动物群体中，年老的狒狒仍然具有统治地位，但却不能再进行交配。

在某些前殖民地社会，人们会有意让那些老人和体弱者死去。然而在有些社会，如尼科巴人和美洲、澳洲的土著居民聚居区里，年迈的人备受尊敬。在某些社会，老人非常重要，因为他们是部族文化传承所不可缺少的。在像干旱等极其恶劣的条件下，智慧、经验和知识对生存至关重要，而我们往往仅能从年长者身上学到这些东西。我们对以雌象为首领的非洲象群进行了研究，发现祖母象可以传递族群中的重要信息，例如，即使之前与某些象群接触很少，它也清楚地知道哪些象群没有威胁。

人类在进化中形成了这样一种生活史策略：小规模群居于森林边缘地区，照顾那些头部较大、成长缓慢的后代。这意味着我们必须将两次怀孕的时间间隔开来，但即使这些孩子长大了，旧石器时期的母亲们仍然会照顾他们直到其完全成年。因此，他们后代的存活率高达50%，是动物界中存活率最高的物种之一。人类的这种生活史策略促使父母维系更为稳定的家庭结构，而且父亲也会参与到抚养孩子的过程当中，这样做不仅仅出于无私，也是因为这能确保他们的基因遗传受到保护。尽管在我们将近50岁的时候，外伤、难产或是传染更易导致死亡，但是无论如何我们应该早已经完成了繁殖后代的任务。

人类大都会在35岁之前完成生育，而寿命也不会比这个年龄长很多。在这个体系中，几乎没有进化的压力。尽管有些个体会活得更久，但事实上，35岁以后修复系统正常发挥功能要付出潜在的重大代价。这可以解释为什么我们的修复系统的能力在中老年时会慢慢下降，正是这种下降导致了成熟过程中错位的出现。现在，我们的寿命要比旧石器时期人类的平均寿命多两倍，这种修复系统本没有这样的功能，因此根本无法应对。

衰老与平衡

为什么人类的身体会这样运转呢？很多物种的寿命大大超过人类，如鹫能活到 80 岁，白鲟鱼能活到 100 岁以上，乌龟也能活到 150 岁。大红杉树、加利福尼亚的针叶狐尾松、新西兰的杉木能存活千年以上，苯酚灌木甚至能活到 1 万年以上。

长寿有家族遗传倾向。在波士顿的研究发现，40 岁以后仍可以怀孕的妇女活到 100 岁的概率比其他人要高 4 倍。其他研究发现，绝经期较晚和长寿之间存在正相关关系，而绝经期较早则标志着寿命较短。这些研究表明，如果女性在年龄较大时仍具备生育能力，这意味着有某种遗传决定因子决定其生命节奏较慢。研究人员用果蝇、蛔虫和老鼠做了一系列实验，结果发现可以人工干预动物寿命，使其活得更长，这证实了遗传决定因子的存在（与发育和新陈代谢有关的基因）。这项发现一度令人震惊，但经过仔细考虑，这个结果其实也在意料之中。发育中的生物能在不同的生存策略中进行取舍，对环境信号作出反应，进而调节该策略的进化方式。如果身体预测到环境中存在威胁，那么就不会在生长发育、新陈代谢、修复和长寿方面投入太多，而是加速繁殖。相反，如果有良好的环境，身体机能就会投入更多，使自身拥有更长的寿命。因此在对老鼠的实验中，出生以前的营养不良会导致其寿命大大缩短，而出生后的营养不良会明显地延长其寿命。

现在有一些间接证据表明，人类也会对不同的生存策略进行取舍。例如，青春期明显提前的女性在中年更易患糖尿病。这与我们的猜测不谋而合。以胎儿对环境的预测为基础而采用的生存策略会与现实中的富足环境产生错位，这种错位会使其青春期提前（如第六章所述），并增加其患糖尿病的风险。此外，这种预测会促使胎儿采取"快速成熟"的生存策略，使其减少对自身修复和维持的投入，从而导致其寿命变短。的确，那些出生时较小的婴儿往往寿命更短。

对不同生存策略的取舍也有助于我们理解为什么衰老会影响某些组织器官。例如，骨密度的形成就是适应策略的一种，强壮的骨骼可支撑强壮的身体。骨矿物质含量在人类三四十岁时达到高峰，然后便开始下降，在妇女绝经期后会下降得更为迅速。这表明，骨强度在人类（无论男女）生育结束前非常重要，而在老年时期其重要性会有所降低。但如果胎儿出生前所处环境欠佳，其对骨矿物质含量的投入就会减少，老年时患骨质疏松的风险就会大大增加。因此，那些出生时较小的婴儿更容易患骨质疏松症，在老年时也更易出现骨裂。

疲惫的大脑

人类胎儿时期的脑细胞数量大大超过成人时期的数量，这些细胞会从出生时开始逐渐减少，因为它们从本质上说是无法再生的。大脑中含有一些干细胞，它们有助于维持人类大脑的正常运转。遗憾的是，这方面的证据微乎其微。某些鸟类的脑细胞则可以终身进行更新，通过井然有序的干细胞诱导过程使老细胞死亡，新细胞取而代之。

研究人员在实验中发现，一些处于恶劣子宫环境中的动物的大脑呈现出与人类不同的变化：某些大脑分区中细胞的数量、神经键连接的数量以及大脑白质神经纤维的数量都会减少。最近，研究人员使用最新的成像技术对生长迟滞的胎儿进行观察，发现这些胎儿的脑半球更小，脑灰白质更少，出生后似乎也赶不上正常婴儿的大脑发育。也许这可以解释为什么生长迟滞的胎儿会在以后出现认知、注意力和学习方面的障碍。这意味着人体子宫中也存在某些权衡吗？难道是由于胎儿预知出生后环境欠佳可能导致其寿命缩短，便没有在脑部发育上投入更多，以至于大脑的灵活性、存储能力和代谢需求有所下降吗？过去，出现生长迟滞的婴儿死亡率很高，但现在绝大多数都能幸存。这种源自胎儿生命早期权衡的错位，是随着儿童幸存率的升高才凸显出来的吗？

我们可以进一步探讨这个问题，尽管不得不依赖一些推测。人类出生时的脑细胞数量是与 45 ～ 50 岁的生命阶段相匹配的，是人类在进化过程中逐渐确定的。但是，当我们活得更久时，大脑的容量并未在出生时有所增加。这会是为什么我们一旦超过一定的年龄就会患上痴呆症的原因吗？另一方面，有证据显示，大脑可以在学习和填字游戏等的刺激下保持活跃，减少脑细胞的流失。也许这是因为活跃的大脑可以产生生长因子阻止细胞老化，这或许说明我们确实拥有克服因衰老而引起的认知损伤的能力。

最常见的神经退行性疾病是阿耳茨海默病和帕金森氏病。尽管有一些证据证实，抗病毒制剂、有毒制剂和遗传因素能引起这些疾病，但我们并不能肯定其确定病因。然而，与衰老有关的疾病可能由以下两个原因导致：一是由于脑部所受损伤逐渐累积，二是因为正常衰老导致大脑储备能量下降，大脑功能退化。年轻人很少患这些疾病，由此可见，这是我们寿命延长的直接后果，但我们也不清楚是身体的哪个机制在起作用。

此外，修复失败也可用于解释体内其他系统的衰老。与衰老相关的疾病可看作早期生命功能和晚期生命修复权衡所产生的结果，也是几十年来现代生活对人类健康的挑战。

更长时间的接触

癌症是由于细胞生长失控而导致的疾病。随着年龄的增长，患癌症的可能会普遍增大。每次细胞分裂都有损害 DNA 的风险：或是复制过程出现错误，或是染色体中的遗传信息出现分类错误。所有细胞（除了没有细胞核的血红细胞外）都能通过酶来维持 DNA 的完整，纠正复制中的错误。但随着年龄的增长，这种功能逐渐下降，因而复制错误和氧化或毒素等所产生的损害便更易产生。这就是一些癌症的早期变化，它们不可避免地影响着分裂最多的细胞，如表皮细胞和肠、肺、膀胱、生殖器官的内壁细胞。

癌症也可以通过另一种途径产生，即在人类发育和进化错位中形成。一些癌症看起来是由于人体暴露在有毒和辐射的环境中引起的，这样的现代环境是我们祖先在进化时期并没有经历过的，也许我们并不具备必要的修复功能来解决在这种新环境下如何生存的问题。现在，皮肤癌的发病率越来越高，包括在澳大利亚等国家出现的恶性黑素瘤，其病因就与大量的日光浴和大气臭氧层空洞增大有关。

肝脏的功能之一是清除体内的有毒物质。一些物种在进化时期形成了某种身体机制，可以处理环境中的特殊毒素，例如，生长于澳大利亚西南部的毒豌豆，氟乙酸盐毒含量很高，纹兔袋鼠能够愉快地吃掉这些植物，而它们的天敌——澳洲野狗、狐狸和其他可能成为食物竞争者的动物，即使食用微量的毒豌豆也会致命。帝王蝶以马利筋为食，这些植物含有心脏毒素，但对它们却没有任何伤害，还可以保护它们免遭捕食，因为它们吃掉这种植物后会变得有毒，其天敌一定能够意识到这东西吃不得。

我们也有相似的毒素净化系统，这些系统基于我们所处的环境进化而来，但并不能帮助我们处理现代化学毒素。我们才刚刚开始了解环境中许多新毒素对发育所产生的影响，如塑料中未脱毒的双酚 A 可能在胎儿早期发育中干扰荷尔蒙，导致男性不育和男性生殖器发育不正常，还能增加女性乳腺癌的发病率。吸烟的人还会接触到另一种毒素。这种形式的错位之所以会产生，是因为我们接触和吸收了那些自身无法解毒的化学物质。

饮食不均衡也与许多癌症的形成有关。我们现代的饮食中纤维和抗氧化剂含量低，由此就会导致一些癌症，特别是结肠癌和胰腺癌。摄入过多高热量食物也能促使某些癌症生长因子的生长，尤其是乳腺癌和前列腺癌。出生时较大的婴儿罹患乳腺癌的概率确实更高，有人认为，这是由于这些婴儿预测自身将面临富有的环境，为提高生存和繁殖竞争力，增加了生长因子的数量。

绝经期

绝经期一般是健康的标志——它表示女性到达适度年龄，可以自然终止生育。但是为什么妇女会有绝经期呢？研究表明，绝经期出现的时间在过去的一个世纪相对稳定（在女性 50 岁左右）。我们仅能估计旧石器时期妇女绝经期出现的时间，但非洲喀拉哈里沙漠狩猎采集者部落里的布西曼族妇女的绝经期时间更早，大约在 40 岁时就会到来。这一变化意味着遗传因素决定着绝经期出现的时

间，还是说明不同环境（采取了"快速成熟"的策略）的影响导致
了绝经期出现时间产生变化呢？有证据表明，吸烟或提前发育等环
境因素能影响绝经期的时间，但这种影响并不显著。尽管现在发达
国家的妇女也吸烟，其绝经期的时间与 20 世纪相比并无大异。

　　绝经期就是指女性月经期的结束。但在绝经期之前，女性的生
育能力已经开始下降，最后的几个月经期也不会使其怀孕。一旦卵
巢不再释放具有生育能力的卵细胞，绝经期就不可避免地到来了，
荷尔蒙分泌的循环模式也就由此结束了。不久之后，由于荷尔蒙分
泌停止，子宫内层生长的反复循环也随之结束。因此，绝经期标志
着卵巢功能的结束和雌激素与黄体酮激素分泌功能的丧失。缺少卵
巢激素给绝经后的妇女带来一系列变化，包括皮肤变薄、阴道干燥
和骨矿质的流失。

　　绝经期在本质上说是人类所特有的。在野生物种中，只有领航
鲸（也叫圆头鲸）的大部分雌性会完全停止卵巢功能。这种鲸大约
在 40 岁开始绝经，但寿命大约在 50 多岁。许多其他物种的生育能
力会随着衰老而下降。非洲雌象 50 岁左右生育能力会下降 50%，
但仅有 1/20 的雌象能活过这个年龄。恒河猴也会在 20 岁左右开始
出现生育能力下降的现象，但这大概也是它们的平均寿命。最近，
据报告动物园中的大猩猩也有绝经期。但问题是，野生动物与人工
饲养动物的平均寿命会有很大不同。如野生老鼠的寿命一般不超过
300 天，但在实验室中却可以活到 600 多天。因此，动物在野生状
态下并不会出现卵巢功能完全丧失的情况，但在实验室中由于寿命
更长就出现了，也许人类的情况也是如此。

　　所以，绝经期出现原因存在相当多的解释难点：这是个进化中
的偶然事件，还是由于我们本应该寿命较短，但现在却延长了寿

命，因此出现了错位？或者是为了给予我们一些特殊的适应优势，进化才选择了绝经？

我们不能简单地把绝经期理解为与青春期相反的时期。青春期是由于脑垂体的刺激产生荷尔蒙（或促性腺激素），使女孩卵巢正常发挥功能，而绝经期是在脑垂体刺激系统功能依然正常的时候，卵巢功能出现下降的现象。因此，女性绝经后促性腺激素仍在分泌，导致了某些绝经后症状的出现，如潮热等。这或许可以帮助我们理解青春期时生育能力如何具备以及绝经期时生育能力如何丧失。许多物种，如绵羊等季节性繁殖的动物，在每个繁殖季节反复开闭脑垂体都没有问题。而人类只能开闭两次，在胎儿时期促性腺激素活跃（促使男性和女性不同生殖器官的形成），在婴儿时期关闭，而在青春期时又开始活跃。那么是否可以这样说：如果绝经期的出现是进化选择的结果，那么终止生育功能的最佳方式就是再次开启脑垂体机制。但事实并非如此，因此我们还是要面对这个难题：究竟绝经期是人类进化的产物，还是人类寿命延长带来的偶然副产品？

让我们分别对这两种可能性进行一下分析。首先，人类寿命延长导致了绝经期的出现。我们可以这样进行论证：进化使人类具备了某些生活史策略，这些策略产生的前提都是人类在 30 岁时会完成生育，而如果寿命增长，选择压力会降到最低。由此，进化决定了人类 35 岁左右的寿命（不包括儿童夭折的情况）。在过去，很少人能活过 51 岁，而这个年龄正是现代女性出现绝经期的年龄，因此或许过去很少有女性能够活到这个时期。我们前面关于衰老的讨论中提到，生物会权衡是否将有限的能量用于维持细胞寿命和正常发挥功能，还是用于繁殖后代。卵细胞在卵巢中必须通过其他细胞的养育才能存活，也只有这样才能排卵。似乎由于进化作用，我们的卵细胞最多才有 50 年的存活期，其中很多卵细胞在到达这个期限前就丧失了生育能力，或者能力下降。要有足够的卵细胞存活，才能保证正常的生育，而超过这个年龄后，卵细胞再消耗能量就是没有必要的浪费了。

再看看另一种可能性。女性在绝经期之前（约 35 岁左右）就会出现生育能力下降的现象，这是卵细胞衰老的表现，但也是一种适应优势。因为母亲需要将孩子抚养成年，以便他们成功繁衍后代的可能性更高。如果母亲及时停止生育，来抚养其最小的孩子，后代存活率和存活的数量就能显著提高。与冒险生育下一胎相比，优化孩子存活率是个更好的策略，因为生育孩子的风险会随着年龄的增大而变大。如果母亲继续生育孩子直到死亡，那么她的孩子就不大可能存活。因此，从进化的角度来讲，女性最好能在死亡到来前尽早终止生育，以便更好的养育已经出世的孩子。

"祖母假设论"是对女性出现绝经期的另一种解释。克里斯汀·霍克斯（Kristen Hawkes）是来自美国犹他州的人类学专家。他和其他一些人认为，人类之所以有绝经期后期，是因为祖母能在自己孩子成为母亲时，留在她们身边，帮助照顾下一代。祖母的存在能使其女儿更容易地养大孩子，可能祖母只是帮助母亲日常照顾孩子，或者将自己的经验和相关知识传授给这些母亲（实际上就是一种文化的传承）。如果祖母效应是以遗传为基础的，那么从中受益的子孙就更有可能存活，并将母亲的基因遗传给后代（祖母的基因间接地遗传给后代）。因此，进化过程中，那些完成生育的祖母会帮助初为人母的女儿养育下一代，而对这一过程有价值的特征就会被选择出来。

在西非和加拿大的法语省（即魁北克）进行的研究发现，外祖母的存在确实能帮助孩子存活。但旧石器时期的人类骨骼标本表明当时很少有人能活过 45 岁，而所有健康女性绝经期出现的时间都在 45 岁以后，这种现象与"祖母假设论"相悖。研究人员对台湾农耕部落家庭进行数学建模的研究后发现，单纯靠祖母效应不能解释绝经期的起源，因为它所带来的适应优势并不能促使人类在进化中形成这样的特点。然而数学建模的价值十分有限，我们并不能据此就下结论。如果将祖母帮助其子女照顾后代的优势，加上母亲为了养育幼子而活得更久，并在死亡前几年中不再生育的现象，利用数学建模，确实能够揭示绝经期存在适应起源的可能性。这个问题一直是科学家研究的热点。

总而言之，就像衰老及其带来的后果一样，绝经后期是我们之前的进化设计和现在真实生活之间错位所带来的必然结果。进化过程决定了人类寿命较短，当人类寿命延长，几乎没有任何选择压力帮助我们维护身体的功能以便活得更久。但是人类运用其聪明和智慧，使自己可以活得更久，当然，随着寿命的延长，人类不得不面对更多的错位现象。我们现在要做的就是找到安全的方法来尽量摆脱错位带来的不良影响。

女性停经症候群现象的出现给问题的解决雪上加霜。女性一生中大约 35 年的时间里卵巢激素都在起作用（从青春期开始），如果没有这段时期，那么女性绝经期后的激素替代疗法也许会导致更严重的错位。毫无疑问，持续使用替代激素会对健康造成严重影响。另一方面，如果绝经期是更长生命的副产品，那么女性在整个成年时期都要分泌雌性激素就是进化选择的结果。

长寿的挑战

快速增长的平均寿命对于所有社会来讲都意味着资源分配的改变。社会结构正经历着巨变：退休后身体依然健康的人群比例增多，而越来越多的孩子推迟进入工作领域的时间。社会正极力寻找赡养老人的最好方式。他们应该住在什么样的社区？通过做什么活动来保持他们身体的健康以及继续为社会作出贡献？我们怎样才能最有效地利用这些人的知识和专业技术呢？

我们面临的难题之一就是医疗保健资源的合理分配。因为长寿的人越来越多，这意味着患慢性疾病的人也会随之增多，而这些病人需要照顾，尤其是那些患有痴呆等退行性疾病的人，因此他们必将占用大量的医疗保健资源。那么如何支付这些病人的护理费用呢？养老金不可能支付所有费用。长期以来，人们从理论上认为养老金是可以支付所有费用的，但是事实远超过所估计的费用，因为估算的费用是按比实际平均寿命短的假设来制定的。因此，人们越来越担心资金的短缺会导致退休后的生活更加贫困，但是人们至今还未找到这个问题的有效解决方法。许多工业化社会的老龄人已经是社会中最贫穷的群体了，所以情况很可能变得更糟糕。或许提高退休年龄会有帮助？这也许会适合一部分人，他们到达退休年龄时身体依然健康。但问题是许多人不想工作那么久，也许他们希望享受更长的退休生活，其中很多人已经计划着 65 岁退休后的生活了。

社会的人口结构在各个方面都发生着改变。对于我们（跟写下本书的两位老人一样）来说，社会的改变是巨大的，我们被包围在以 20 世纪 60 年代的年轻人的文化为中心的环境中。政治家们现在开始考虑如何吸引那些"灰色选票"（即老人的选票），家庭的需求也在悄无声息地变化着。与 20 年前相比，孩子要照顾长辈更长时间，这在生活方式和资金方面都使他们承受了更多的压力。老人的家庭资源也岌岌可危，他们工作了一辈子才付清了房子的抵押贷款，但现在却要卖掉他们来填补其逐渐增加的医疗护理费用。与此同时，他们的孩子正处于花费较高的生活阶段，如交付大学学费等等。而孙辈的孩子，现在还很年轻，也许希望为他们以后的房子攒钱，或者为开辟事业而需要积累资本。西方世界的多数结构是建立在对资本继承的投资期待上，而这种期待正在改变，我们必须用某种方法去探讨期待与现实之间的错位。

我们不得不在质疑中结束此章。现在，老龄人口正在吞噬着下一代的资源，使他们的健康背负沉重的负担。我们已经看到，许多在人类中年时期出现的健康问题可以在其生命的早期阶段找到原因，而要改善人们早期阶段的健康状况也需要占用社会的资源，但是老年人对这些资源的需求也在不断增加。解答有关衰老的错位真的是个难题。

第九章

匹配与错位

　　错位范例使我们改变了思考自身在这个世界上所处位置的方式，也为我们提供了理解人类生存条件的新思路。在很多方面，我们都与居住环境之间存在错位，而且这种错位与日俱增。由此，我们可以得出一个最简单的结论，那就是健康、长久的生命要求我们在生理上与环境尽可能匹配。但矛盾的是，长寿本身又迫使我们不得不在生理上作出某种妥协，这样的错位都是由于我们这个物种的种种成功所带来的。许多物种的进化都遵循了从进化、数量增加、下降直至消亡的历史进程，而我们希望人类的智慧和预测及操纵未来的独特能力可以帮助我们逃脱这样的宿命。

　　想要使环境与自身更加匹配，我们面临着一个基本的挑战，那就是我们不能够逾越进化和发育对于我们身体构造的限制。卡努里和夏尔巴人的境况证明，我们的先天的能力不能够战胜某种自然产生或人为造成的错位，但是我们绝不可以因此就悲观失望。错位问题的很多方面就是由于人类的健康状况比过去好而造成的，卫生学、医疗保健学、营养学和医学的发展使得我们可以活得更为长久；我们已经努力控制，甚至是根除了一些传染性疾病，而且似乎很快就会出现可以预防疟疾的疫苗；此外，很多疾病都有特殊的治疗手段来治疗，所以我们仍然可以保持乐观。毕竟人类已经取得了这么多的成就，他们还可以取得更多的成就吗？我们无需接受寿命的增加使人们忍受多年慢性疾病的现状，我们应该可以实现每个人的理想——那就是尽可能活得长久，尽可能健康地生活，然后尽可能平静地死去。

遗传和发育的复杂过程使得动物和植物进化并适应身边的环境，我们也不例外，不同的是进化赋予了我们改变环境的能力，而这种能力给我们带来的不只是好处。匹配得当意味着最佳的生存状态，但是正如我们所看到的，自然环境、营养环境和社会环境都在随着时间不断改变。随着时间的推移，我们这个物种对周围环境的影响日益深远，这些都迫使我们从不同层面重新考虑人类的生存条件。新的思维方式带来了新的挑战和问题，但是这也预示着新的解决方法的到来。

我们需要认识到，人类居住的多数环境已超出自身内在控制系统能够承受的范围，而这个范围是在进化过程中就已经形成了的，我们在对新陈代谢错位的描述中展示了这一点。尤其是在过去的几年内，环境的很多方面都已在人为作用下发生了巨大的改变，所以，无法应对可塑性和适应能力的进化选择过程也就不足为奇了。在前几章，我们描述了青春期来临的时间、寿命的延长以及绝经期的出现都是人类与生存环境之间存在错位的体现。这些错位说明了进化为人类的生理状况设定了一个模式，而环境却为其设定了另外一种模式——就像是一个管弦乐队试图按照不同的指挥（不同的节拍）来演奏一样。

人类要为错位付出代价。错位范例的后果可以在青春期的时候表现出来，它使年轻人在生理上过早成熟，比社会认同他们成人的年龄要提前很多。他们的行为及我们对他们的态度会带来什么结果呢？我们对年轻人的道德要求和态度形成于与现在不同的时间和年代中，那时错位还并不存在。新陈代谢的错位结果可以在晚期的慢性非传染性疾病中表现出来，如许多社会中存在的（或正在出现的）地方病——心脏病、肥胖症、糖尿病等。随着老龄人口数量的增加，这些疾病也在逐渐增多。然而，饱受这些疾病折磨的不仅仅是社会的老龄成员，目前，甚至幼童和十几岁的青少年也经常出现严重肥胖症等疾病。他们将来的健康还有什么保证呢？社会又会如何承担这些疾病的代价呢？寿命大大增长使我们的内在修复机制与生命过程出现错位，而更年期延迟的现象也越来越普遍。我们不禁要问，社会将如何应付人口老龄化导致的骨质疏松症和痴呆症等疾病日益增长的问题呢？

错位的范围

在前几章中，我们描述了错位的重要范例，其实还有很多其他范例没有提及。一旦我们开始思考这些范例，我们就会从不同的角度看待很多影响人类生存条件的因素。为了使其不再同前几章重复，我们将直接阐述另外 3 个具有重要意义的范例。

发展中国家人工喂养婴儿的悲剧说明，即使出于善意，但如果方法不当也会导致错位。西方食品公司说服妇女，使其确信人工喂养婴儿比母乳喂养好，并鼓吹这样做是社会和经济发展的标志。希望婴儿健康成长的妇女，接受了这种宣传。我们现在知道，这种做法带来了错位，并使婴儿付出了健康乃至生命的代价。所有的哺乳动物在进化中都形成了断奶前母乳喂养的固定模式，而用其他动物的奶喂养人类婴儿不能与人类婴儿的体质匹配。母乳在进化过程中形成了符合婴儿营养需求的特殊成分，而不同物种的婴儿生长模式和营养需求差异很大。牛奶比人奶的热量高，蛋白质浓度也较高，用人造配方奶粉或牛奶喂养婴儿会产生一些长远的后果。我们有充足的证明显示，人工喂养的婴儿更易感染传染病，长大后也更容易患肥胖症，认知能力发育较差，感染疾病的风险性也更高。其实，这是一种简单的错位，完全可以预防，最简单的解决方法就是坚持母乳喂养。

另外一个例子阐述了错位如何可以通过近期生活方式或环境的转变而形成。青少年假性近视或校园近视在现代狩猎采集者社会中十分罕见，但尽管如此，1/4 的因纽特人孩子步入校园不久就被查出患有近视。为什么会发生这样的事情呢？我们知道这样的近视通常发生于 8～14 岁的青少年身上，发育中的眼睛与晶体的伸缩能力不符，以至于看远处物体时模糊不清。一般来讲，发育中的眼睛可以根据视网膜聚焦的变化准确地调整发育，使聚焦重新形成，但是患近视眼疾病的孩子不能正常控制它的发育。在某些群体中，约有80% 的青少年都患有轻微近视。这不是由于遗传产生的，因为在过去的 20 年中，台湾在校学生的近视率大幅上升——他们在基因上十分相似。相反，我们认为近视人群的增加与城市化和教育程度逐渐升高有直接关系——因为读书越多、使用人工灯光越多，患近视的人也就越多。所以即使我们当中存在易患病体质的人，那在大概过去几千年的祖先也是一样的。因此，可以说现在患近视眼人数的激增，是由于孩子在发育过程中长时间近距离工作，或者在人造灯光下工作而产生的。为什么近来会有这样的问题出现呢？早在书写和精密仪器产生之前，人类也需要具备正常视力和远视视力——只是我们的祖先可不像我们读那么多书。但是现在的学校和家庭作业"欺骗"他们的眼睛，使其认为需要设定焦点（因此便开始发育）来适应近距离的视野。结果，我们当中的很多人都在错位中成长，不佩戴眼镜或是隐形眼镜就无法清晰地看清楚我们身边的环境。

让我们再看一个心理错位的例子。人类在进化过程中形成了需要在一个小范围社会生存的需求，50～120人就可以组成一个旧石器时代的部落，当时大多数的部落规模更小。但是我们现在却生活在庞大的集合体中——有时被紧密包裹在层层堆砌的小盒子里，社会阶层和各种各样复杂的交往是我们见所未见，闻所未闻的。我们的大脑如何应对这些挑战呢？某些精神疾病在多大程度上反映出了进化中的大脑与这些巨大社会变化间的错位呢？一些心理学家相信，这样的错位确实是某些精神疾病的根源。然而，我们必须将这种说法与生物社会学领域某些研究人员得出的错误结论区别开来，后者尝试用新达尔文主义的观点解释人类的大多数行为。适应主义者认为，人类行为的生物社会学解释是错误的，对此我们表示赞同。正如前文探讨过的，行为发展具有很大灵活性，人类能够成功生活在不同社会结构中，对于文化的学习能力也很强。

基因与环境

目前为止，我们对于基因（自然）和发育环境（培养）之间的互动关系考虑得过于简单。我们把发育视为环境因素与显型表现在发育各阶段一系列的相互作用，反过来，显型又表现出先前的基因和环境之间的相互作用。这种相互作用并非只在胚胎阶段存在，而是从父母和祖父母那时便开始了（通过外生或非基因的遗传过程起作用）。有时，基因与发育环境的相互作用可能不仅会导致立即的显型变化，而且会带来延迟反应，产生哪种情况取决于预测的准确性。所以尽管我们的基因模板都很类似，但是我们发育和活动的方式极为复杂。

一些选择因素并不是绝对作用于物种性状本身（如兔子的耳

朵），而是作用于回应具体环境刺激改变某些性状的能力（比如在发育中为了适应温度而调节耳朵长度的能力）。因此，即使基因型相同，环境的细微变化也会造成生物表型的多样化，尤其在其生理层面上。发育可塑性的真正作用就在于调节环境与生物体回应环境改变能力的匹配程度。

但是，如果每个微小的、短暂的环境变化都带来长期的不可逆转的生理变化，那么对生物而言这并不是生存优势。发育可塑性的顺序式在生物发育塑型最强的时期降低了环境的影响，因此回应环境的策略要经过一段时间才能制定，而不能即刻产生。这种平稳的过渡有助于提高预测的准确性，因为预测是基于对环境的总体评价的。所以基因型只是为生物发育成熟的显型提供了基本的条件，外生过程和其他形式的发育可塑性促使显型与环境达到更好的匹配。但是正如我们所见到的，某些显型并不能帮助生物更好地适应环境。

生活史策略会随个体不同而有差异。有些女孩 9 岁开始月经初潮，有些则 16 岁开始；有些人的个子很高，有些人很矮小；有些孩子发育很快，有些则很迟缓；有些很瘦，有些则很胖；有些人骨头粗壮，有些则十分单薄。肾脏过滤单元的数量和大脑记忆区中细胞的数量在不同的个体间也存在着变异。此外，有些人对压力反应过大，有些人的反应则没有那么强烈；有些人活过 100 岁，有些人还不到 50 岁就离世了。遗传是造成这些差异的原因之一，家族成员都很高大的奥秘在于基因中含高水平的生长促进激素，因为控制这些激素和调节器的基因控制区域存在个体差异，但是，这些差异产生的主要原因还是发育可塑性。正如我们前面谈论过的那样，胎儿发育和青春期之间以及胎儿发育与后期身体素质之间都存在紧密的关系。这种通过发育塑性过程对生活史策略进行调整，就是为了使个体与预测环境相匹配，即使预测并不总是准确无误的，这样做也很重要。

错位范例

人类与其他物种的错位范例都基于同样的生理过程，承认这一点非常重要。首先，这意味着动物经验性的学习或许可以帮助我们了解我们的困境。该研究中很重要的一点在于需要公众认可，优先对待，并提供适当的资金赞助。其次，这也提醒我们，环境的变化不仅给自己带来了潜在的错位，也给其他物种带来了错位。众所周知，从旧石器时代开始，人类由于过度捕杀已经造成了很多物种的灭亡，现在，雨林和其他生态系统的破坏严重威胁着更多物种的生存环境。但是，还是有人认为，我们为自己创造的错位与其他物种面临的错位之间毫无关联。实际上，即使是很细微的环境变化也能使处于错位状态的物种数量发生实质性的改变。1966年，人们在哥斯达黎加蒙特韦尔德云林中发现了巨大的金蟾，仅仅20年后金蟾就灭绝了。金蟾一年中的大部分时间里都生活在地下，仅在4～5月间的白天到地面上繁殖。为什么他们会灭绝呢？由于全球变暖，雾天急速减少，当金蟾白天出没于地表时，它们的皮肤很快便会干裂，造成致命的伤害。不幸的是，由于人类对环境的破坏性影响，蒙特韦尔德和其他地区的许多物种也深受其害。

这个范例告诉我们，个体的生理结构是由遗传过程，尤其是基因的遗传与发育可塑性（包括对环境的预测）共同决定的。可能的结果只有两种：个体要么与环境匹配，要么与环境错位。错位的程度越高，感染疾病的概率就越大（两者的关系不必总是成比例增长）。如果错位程度较低，我们至少可以暂时解决存在的问题，因为疾病的产生一定是由于超出了某种限度所致。很多夏尔巴人碘缺乏的结果只是甲状腺变得肿大，但是，许多夏尔巴人在发育早期出现的碘缺乏一定超越了他们身体可以承受的限度，才导致了呆小症的形成。

潜在的错位可以造成什么样的结果，往往取决于个人所处的环境。正如我们在前几章提到的，新陈代谢失衡加剧了罹患糖尿病和心脏病的危险，这都是由于营养不均衡以及久坐的生活习惯造成的。成熟错位引发了许多青少年疾病，婴儿喂养方式的错位增加了其夭折的可能性等等。

另一个疾病致因的范例

本书最重要的启示就是：人类的生理系统能对一系列的环境变化作出适应性的反应，但是个体的适应能力存在差异。同其他物种一样，如果人类个体所处环境超出其适应能力，就会罹患疾病。这种观点与流行的病原理论有本质区别，后者认为，人们患病是由于外界因素的影响而神秘地"形成"了某种疾病，或者他们出生的时候就携带致病基因。我们可以在很多病理教科书中（外伤、发炎、感染、中毒、整形、麻醉、代谢、基因、先天性疾病）找到这些典型致病因的详细描述。

19 世纪的罗伯特·科赫（Robert Koch）完整清晰地阐释了这种经典的病原学理论。他认为，主要的疾病如炭疽热和肺结核等都是病原细菌感染所致。19 世纪晚期，由于某些致病微生物的发现，医学研究先驱巴斯德（Pasteur）对科赫的观点给予了极大关注。此外，科赫的发现也对病理学的发展作出了巨大的贡献。后来，阻止疾病传染的疫苗研制成功，科学家运用青霉素等成功治愈了被感染个体，并限制了传染疾病的蔓延，这进一步证实了科赫观点的正确性。流行病学（研究特定人群中疾病模式的科学）强调寻找致病的外部因素，同时医药学也取得了巨大的成功。现在，每个烟盒上都带有健康提醒，毋庸置疑，这承认了吸烟与心血管疾病和癌症的关系以及对胎儿发育的影响。

人们对于基因组序列将如何改变我们的生命这一话题也越发重视起来。毫无疑问，这是人类历史中最为重要的知识革命，但是目前它并没有给具体的问题带来解决方案——例如，我们尚未实现基于个体的基因型成功研制个人化药品，而有效的基因疗法也似乎遥不可及。但是，关于基因组的研究已经为医药科学和制药工业带来了巨大的价值，我们会看到基于对这种知识的需求而带来的治疗手段的进步。但是对于常见的疾病还没有什么特效药，因为疾病并非完全由某个基因造成——不是一个基因导致了糖尿病、心脏病或帕金森症。

所以，有一种较新的观点认为：疾病作为人类正常生理功能的一部分，难免发作，它是由人类与貌似正常的环境间相互作用引起的。对于病理学学生来说，恐怕要在他们的课表上加上一堂有关疾病起源的新课程了。比较生物学已经确立了生物体适应范围的概念，并且有关物种包括人类在内的研究清楚表明，进化和早期的发育在很大程度上决定了适应的范围。从这个角度来看，如果个体所处环境超出了其所能应付或适应的范围，错位出现了，而疾病也必不可免。这种观点虽不适用于所有疾病，但是它确实解释了一些疾病的病理，如心脏病、糖尿病和骨质疏松症等。这些疾病不是由某一个因素或一个基因导致的疾病，个体的基因组成可以使其更易患上某些疾病。例如，发育过程出现的错位会导致患骨质疏松症的危险增大，而风险的大小取决于个体对维生素 D 受体的基因编码。

一个新的医学领域

本书的一个中心主题就是人类进化和发育，发育生物学领域的新知识为控制个体发育的方式以更好地适应环境带来了希望。除此之外，人们也开始重视环境因素影响基因表达这一新观点，这对于纠正基因中心论具有重要意义。正如我们所看到的那样，许多疾病都是个体的身体状况同环境的相互作用所致，而且有许多因素都可以影响这种相互作用。我们面临的实际问题是，我们必须要了解如何调节基因表达，探索环境和发育信号可以永久性或暂时性开启和关闭某些基因的范围，否则基因组革命就会失去意义。

这些观点与生态发育生物学（或者称为生态发育学）的研究不谋而合。生态发育生物学是对 10 年前生物学理论的复兴，它同发育的分子研究（即进化发育生物学或进化发育学）尽管有关系但并不完全相同。生态发育学应用于人类医学研究的新理念正是本书的中心议题。生态发育学填补了 20 世纪三四十年代现代综合者（他们发现发育很难与达尔文生物学基础的基因理论结果一致）关于进化理论的空白。那个时候对于理解基因和发育的相互作用所需要的知识还不存在，所以他们没有合适的框架来扩展他们的想法。此外，发育在本质上包括后生变化——发育环境促使基因表达发生终身变化，其中包含着复杂的生物化学过程，这点我们才刚刚开始有所了解。

20 世纪前 2/3 时间里，发育的复杂性和胚胎学被遗传学者严重忽视了，而这只是在俄罗斯科学家舒马豪森和爱丁堡科学家瓦丁顿的研究成果中才有所表述。他们鉴别出了很多支撑着我们现在理解的环境影响发育可塑性的基本原理。发育可塑性允许一个基因型产生多种显型，更重要的是，它影响着个体能够成功适应的环境范围。DNA 研究的热潮掩盖了他们的研究成果，只是在过去的几年里，生物学家才开始重新把注意力集中在进化和发育的相互作用上。

进化原则在医学领域的应用仍是相对崭新的做法。1994 年，鲁道夫·奈斯（Randolph Nesse）和乔治·威廉姆斯（George Williams）出版了《我们为什么会生病——达尔文医学的新科学》。书中，他们从进化角度分析了人类疾病的起源。这真是真知灼见，但是却仍没有受到现代医学的重视，很多医学院都没有进化生物学的课程。奈斯和威廉姆斯甚至在前言中使用了"不当错位"这一术语。

我们自己的想法更进一步。我们认为发育、基因和进化都应被考虑在内，这样才能形成完整地理解错位发展过程的观点。或许生态发育医学的年代就要到来了，这是一个从发育角度探讨我们患病原因的新学科。

新的表观遗传学为这个理论提供了机械论基础。在我们完成本章内容之时，一本新的科学杂志《表观遗传学》开始发行。人类表观基因组计划正在进行之中，其目的在于绘制出人类基因组中表观基因修饰的潜在位置。一个全新的研究领域正展现在我们的面前，表观遗传学还会不断为我们带来新的发现。为什么一些基因更容易被修饰？某个基因的启动子受到影响却不能影响另一个，这样的特异性是如何产生的呢？在特殊的发育时期，表观遗传学过程在不同的生物体中是以何种机制运作的呢？是否存在一些关键基因，这些基因在早期发育阶段的调节能够引起生物体选择特定的生活史策略吗？这是科学中一个引人入胜的领域，在今后的几年中还将迅速发展。

生命过程理论对于错位引起的疾病或错位可能加剧的那些疾病
具有重大意义。至少有三方面需要考虑：多种遗传因素、发育期环
境以及目前面临的环境。我们无法仅从眼前的情况得知这样的疾病
是如何起源的，其后果是什么，就好比我们不能透过车窗窥视车上
的乘客，判断出他们从哪里来，到哪里去一样。生命过程方法是需
要花费时间才能做到的，如果政府或健康管理部门想要迅速得出结
论，那么此方法则不合适。然而，错位范例作为生命过程理论的一
部分，在理解疾病起因方面是有所帮助的。它能够解释，甚至预测
健康和疾病的类型——从西方国家人口饮食过量的后果到经济迅速
转型期的其他国家人口出现的疾病。这种方法可能是短期内解决问
题的关键，因此短期政策的决策者对此非常关注。如果生命过程理
论仍然不受重视，社会将要付出更大代价。

错位的挑战

那么我们应该做些什么呢？通过推理，本书得出的结论就是：
要改善人类生活条件，我们就必须提高人类成员生理与当前及未来
环境匹配的程度。这不仅会使他们更健康，提高它们的生命质量，
也能降低其后代患病的风险。

但是我们能够降低错位的程度吗？在某些情况下，我们可以做
到，如我们能够降低新陈代谢失衡的程度；但在对待成熟与寿命等
情况下的错位，我们恐怕就无法做到。但即使这样，我们也可以掌
握将错位影响降到最低的方法。理论上，要想改善匹配，我们就要
改变环境或改变生理条件。在 21 世纪的环境下，即使是在物资最
匮乏的现代社会，也与农业社会前期的原始社会迥然不同。在我们

进化历史的较晚时期，农业的发展使人类开始定居下来，而人类的定居增加了人口密度，并导致社会阶层的出现和社会的复杂化。农业和定居也使人类营养不良和感染疾病风险增大。这些问题在18～19世纪的工业革命时期和20～21世纪的科技大发展时期变得更加棘手。我们生活的环境所要求的新陈代谢等方面，已经超越了人类在过去的1.5万年生理进化中达到的水平。我们通过基因遗传和继承文化方法的重要品质之一，就是改变环境的能力。因此我们需要再次改变环境，使其与我们的生理特点更好地匹配。这不是说我们必须回到新石器时代的水平，但是这确实意味着我们必须注意怎样改变家园、工作地点的环境，以增加每天的锻炼量。我们必须更加注重提高营养，摄取更健康的饮食，使更多人饮食均衡，并与其生理结构匹配。这些生活方式的改变对于社会小康成员来说更加容易，所以我们不能忽视社会上那些贫困的人口，因为帮助他们解决新陈代谢错位问题更具挑战性。

本书中，我们也探讨了改变其他导致错位的因素（即我们最基本的身体构造）是否存在可能性。第二章中提到的遗传因素中，似乎改变基因、遗传基因型的可能性不大，因为他们都是人类几千年进化的产物。除非基因疗法发展到可以广泛改变人类基因组的程度，而且人们也能从道德上接受这种改变。最好的结果是，这些方法可以解决由单个基因缺陷引起的疾病，如囊性纤维化病。然而，大多数人类疾病的原因都要复杂得多，因此要利用这种方法治愈困扰人类的多数疾病恐怕还需假以时日。

然而，我们或许能够改变遗传的表观因素，因为它构成了基因型与环境间的互动。我们已经知道了很多有关这些表观因素改变的过程信息，因此很有可能得以开发出能够改变基因表观表达的环境工具。本书前面曾经描述过一个实验：使营养不良的新生幼鼠相信自己比实际要胖，因而发育方式得到了改变，使其可以免于在之后的生命中摄取过高脂肪。即使像增加饮食中的叶酸这样非常微妙的营养改变也能够产生巨大的影响，科学家们还在继续研究，以确定这在人类身上同样适用。

探讨表观遗传过程的优点在于，人们可以在生命早期发现这些表观遗传过程，即使疾病等状况要在以后才会出现。因此，我们能够直接地测量到这些信号，例如年轻人体内，甚至新生婴儿胎盘内基因中的甲基化物的改变。这样，我们可以为这些人提供改善生活方式的建议，或者及时进行预防治疗，以降低其生命后期可能出现由错位导致的疾病风险。

我们在关注表观遗传过程的同时，不能忽视人类生命早期的重要影响因素。在受孕早期和受孕期间我们都应进行干预，由于人口量大，这真的是一种挑战。因为即使在发达国家，大约一半的受孕也都是无计划的。任何以人口为基础的解决方法都需要生育年龄的女性优化饮食、改善身体状况。更重要的一点应该是减少青少年受孕率，这对于许多发展中国家来说是一个重大问题，因为在那些国家中，女孩于青春期便要出嫁。我们需要更加仔细地监测婴儿期及童年早期生长情况，尤其是那些出生时比同龄人矮小或高大的孩子。这种干预的方式在实践中具有一定的难度，因为对于女性和儿童的文化态度在全球范围内差异很大。

由此可见，我们不能忽视文化传承的方式，因为文化传承能够影响后代。母亲、祖母或外祖母、姑妈或姨妈告诉其孩子、孙女、侄女的信息，能够大大影响这些后辈的生活方式。不论我们是否相信绝经期在进化中给予了祖母辈一个特殊的角色，但毫无疑问，祖母们起到了顾问的重要作用，在改善或损害母婴相互作用方面非常重要，进而也影响着孩子的生命过程。出生时体形较小的孩子更有可能存在认知缺陷，但是如果母婴互动程度很高，这种缺陷就可以被克服，认知功能就能正常发育。在许多社会环境下，婴儿出生体重低的比率很高，很多家庭中的婴儿还在襁褓中，但由于母亲要返回田间耕作或回到地毯厂上班而与母亲的互动很少。

即使在发达国家，人们也几乎不能承受这些问题带来的代价。然而，它们在我们极其想要帮助经济转型中的发展中国家出现了。我们知道经济转型仅会增加人们新陈代谢错位的负担，但却必须相信这并非我们要第一关心的事，因为经济的发展重于一切。经济转型可能带来的问题并没有眼前的问题那么引人关注，目前解决疟疾、艾滋病、不安全食品、健康的饮水资源和母婴死亡等对我们来说似乎更为重要。但是要作出促进社会经济转型的计划，我们就必须同时关注将其负面作用降到最低的方法。

因此经济转型会造成难以抉择的局面。在世界上许多国家，如印巴次大陆，某些人在童年时就患上了肥胖症，并且由于长期缺乏锻炼，营养过剩，最终导致糖尿病和心血管疾病的出现。同时，人口中较贫困的人群生来就要面对身材矮小和营养不良的问题。有时候，两个群体的人会在同一所学校上学，接受同一种社会干预策略。但是对于富足人群中的孩子来说，适量运动和节食无疑是解决问题的方法，而对于贫困群体的孩子来说，这样做则会使问题更糟。对于贫困群体的女孩来说，这样做会降低其新陈代谢能力，使她们不能在最佳的状态下怀孕，结果，问题就会又转移到下一代身上去。在贫富皆有的群体中，任何一个公共健康服务机构要设计出恰当的干预计划都并非易事，要具有一定的创造能力才能做到。有了这种意识以及慢慢积累起来的干预基金，相信这些问题的处理会越来越顺利。我们也必须记得一定要有目标性地处理问题，没有放之四海而皆准的处理方法。

我们能够通过进化解决错位吗

本书中已经讨论了很多进化过程以及进化过程是如何运作，以便优化匹配程度的问题。目前，我们已经掌握了许多例证，证明生物世界的进化是在惊人的快速时间范围内完成的。那么，达尔文进化理论是否能够解决我们面临的许多错位问题呢？

如果我们可以通过进化解决某种情况的错位，这些方法也不能减少错位在生育后的时期产生的后果，因此很不幸，进化不能解决由于寿命延长而产生的错位问题。而选择只是为了提高生物的发育适切性，除此之外，选择不会再起作用。快速进化只有对生存（进而对生育适切性）产生极大影响时才可能出现。但是由于医学、公共健康、科技及环境控制的发展，即使错位出现在生命的前期和中期，也不能影响我们生育后代的能力。

只有当肥胖症这一流行病的影响非常严重而现代医学又无法解决，导致许多年轻人在成家前就死于复杂的新陈代谢综合征，那时我们才能够正视自然选择对于人类未来发展的作用，这种现象似乎是科学幻想领域才存在的。尽管选择会大大影响我们的物种，如果我们面临传染病肆虐的情况或核冬天的情况，我们还是应该尽量减少科技、环境和文化发展中的错位影响，而不是探讨达尔文的进化论。

改变需优先考虑的事情

我们知道本书中提到的某些观点必将招致反对的声音。政治家天生就对需要较长时间才能奏效的方法表示怀疑（有人会说这是因为选举周期太短了），政策制定者也会辩称他们面对着无数这样那样的请求，而短期内可以奏效的方法更可取，其投资收益率也更易计算。投资收益率的计算取决于所谓的"贴现率"，所以对母亲、胎儿和儿童的健康进行长期干预的投资收益率计算势必对其不利。经济学家就是利用"贴现率"来衡量某项投资的收益能力，我们也可以将其看作复利率计算公式中（正如抵押付款的计算中使用到的公式一样）同利率相反的因素。换句话说，健康干预的投资会抵消资本的增长，干预和收益之间间隔越长，贴现率的水平就越难设定，我们认为现在设定的贴现率往往过低。然而，干预有非常牢固的科学基础，虽然很难计算收益的准确数值，但无疑收益必将是十分巨大的。

此外，还有一个问题。制药业存在巨大的既得利益。其实，全体选民和医疗保健的重心集中在治疗眼前的疾病也是有好处的。制药公司要收回药物研发的成本，因此他们往往关注影响世界多数地方的疾病，而且这些地方的政府和人民能够负担得起买药的费用。大多数临床医药的研发都是如此。甚至一些杰出的医学科学家都觉得生命过程理论很难接受，因为这一理论同传统的流行病学理论大相径庭。流行病学的研究方法在于找出疾病最直接或最接近的病因（如吸烟和肺癌之间的关系），而其原因则很难识别（如怀孕期间吸烟会导致子女在后来患骨质疏松症）。前瞻性队列研究是个例外，但从定义来看，这种研究往往要耗时 70 年或更久，才能将孩子出生前的情况与其老年时出现认知能力下降之间的关系量化，而这种70 年前的研究同新一代怀孕之间的相关性仍存在争议。所以，这一领域的研究理论更易被人们所忽视。

由此可见，我们还是应该将更多的精力放在研究错位出现的原因和可能导致的后果上。这样的研究也必须以实验室的研究为基础，而且也要依赖于表观遗传技术的突破。同时，临床研究也必不可少。但是，我们要注意医疗研究和医疗护理的投入仍未引起人们的重视。

渔夫的话

来自巴基斯坦的祖菲加·布塔（Zulfiqhar Bhutta）教授是世界最著名的也是最受人尊敬的儿科护理专家之一。他曾讲述自己在卡拉奇附近的一个村子里拜访一位贫苦的渔夫的经历：渔夫用几近哀求的口吻对巴塔说："教授，请帮帮我吧。我们的孩子生病了，他们甚至还没出生就已经得病了。"如果连这个渔夫都能知道人们出生前健康的重要性，那么卫生政策的制定者和政治家们难道就不知道吗？但是，现有的健康政策根本就没有相关内容。其实我们完全可以运用生命过程理论，改善母亲、胎儿和婴幼儿的健康，降低慢性疾病的发病率。这些方法的人道主义情怀和益处再明显不过了。

人类应该将更多的资源投入到改善早期发育阶段的环境状况中。在发达国家，这可能需要对收入所得税进行重新分配，除非我们能在国民生产总值中找到新的资源。对发展中国家来说，问题更显严峻，可能需要重新调配来自其他国家和慈善组织捐赠的资源。但这都意味着要减少对人类生育后生活和健康的资源投入，我们也不得不对人类社会资金投入的方式和优先问题进行重新评价。对年轻人，社会应该给予更多的关注。

　　但是本书为我们解决错位问题提供了乐观的前景。错位范例并不都是源自遗传（或基因），否则，错位的解决更将举步为艰。错位的形成还要涉及发育和环境的因素，而我们可以对发育过程和所处的环境进行干预，从许多方面改善我们的生活。

尾　声

　　昂·巴桑（Ang Pasang）是一位村长，他的村子位于海拔4 000多米的喜马拉雅山谷。他还是一名勇敢的登山者和卓越的领袖，他曾经多次领导夏尔巴登山队成功征服了一个又一个高度，他的队员包括来自世界各地的登山爱好者。巴桑有3个儿子，可怜的长子是严重的呆小症患者，患有脑性麻痹和严重的智力缺陷，在童年时就不幸夭折。巴桑的次子是个非常可爱的年轻人，却是既聋又哑，而且，他也患有呆小症，但是没有他哥哥那么严重。三子次仁（Tsering）是全家唯一的安慰，他聪明、活泼、充满热情。巴桑的3个儿子为什么会这样？为什么长子和次子不同程度地受到疾病的困扰，而三子却安然无恙呢？事实是，昂·巴桑每次登山归来都会带回一些西方食物，这些食物富含碘元素，他妻子体内的碘元素因此逐渐升至正常水平。结果是，他们的次子受碘元素缺乏的影响要远远小于他的哥哥。而当巴桑的妻子怀有次仁时，碘元素缺乏症已经不复存在了，因此次仁十分健康。他对碘元素的生理需求得到了满足，因此错位也已经不复存在了。